电脑美术设计与制作职业应用项目教程

平面 VI 设计项目实训教程

主　编　孙雅娟
副主编　张　瑾
参　编　周　韫
主　审　姜　峻

机 械 工 业 出 版 社

本书以项目任务的形式讲解了 VI 设计中所必须掌握的基本知识及操作技能。每一个章节均模拟一个真实的工作场景，提出项目任务，在知识储备中罗列出完成此项目任务所必须掌握的相关知识后，再对任务进行分析，通过项目实施环节具体直观地介绍完成该任务的具体步骤及方法，最后通过项目拓展，使所学知识、技能得到巩固加深。每一个环节紧紧相扣，缺一不可，是学习 VI 设计的好帮手。

本书适用于中、高等职业院校平面设计专业的学生，也可作为一般平面设计人员及 VI 设计爱好者的自学参考书。

本书配套的授课用电子课件与资源包，可注册并登录机械工业出版社教材服务网 www.cmpedu.com 免费下载，或联系编辑（010-88379194）索取。

图书在版编目（CIP）数据

平面 VI 设计项目实训教程/孙雅娟主编．—北京：机械工业出版社，2010.2

电脑美术设计与制作职业应用项目教程

ISBN 978-7-111-29686-7

Ⅰ．平…　Ⅱ．孙…　Ⅲ．企业—标志—平面设计—教材　Ⅳ．J524.4

中国版本图书馆 CIP 数据核字（2010）第 022430 号

机械工业出版社（北京市百万庄大街 22 号　邮政编码 100037）

责任编辑：梁　伟　　　责任校对：李　婷

封面设计：鞠　杨　　　责任印制：洪汉军

三河市宏达印刷有限公司印刷

2010 年 3 月第 1 版第 1 次印刷

184mm × 260mm · 10.5 印张 · 229 千字

0001 - 3000 册

标准书号：ISBN 978 - 7 - 111 - 29686 - 7

定价：22.00 元

前　言

随着近年来众多企业、机构对VI设计的重视，VI设计行业逐渐兴起，VI设计师这个职业也变得炙手可热。掌握色彩、构图等美学知识和熟练使用图像软件对于一名VI设计师来说是必不可少的职业技能。本书模拟真实的工作场景，精心挑选了多个具有代表性的VI设计项目个案，并结合Adobe Photoshop、Adobe Illustrator、CorelDRAW等软件功能的介绍来进行综合的运用讲解，在每个项目的讲解中，都穿插VI设计项目的基本知识，以便学生掌握一套可以真正应用到实际设计工作中的VI设计方法。

本书侧重对学生实际工作能力的培养，以VI设计的基本原理、基本概念为基础，强化学生的沟通、理解能力，培养学生作为VI设计师所必须具备的广告创意能力和设计能力，能够让学生根据客户的实际需求，设计并制作出优秀的VI设计作品。

本书着重介绍VI设计的基本知识，适用于有一定美学基础、对于相关软件有一定了解的学生使用。在高等、中等职业学校将其作为课程教材时，建议先完成美学、图像处理等课程的学习。另外本书也可作为平面设计师培训课程教材及VI设计爱好者自学参考书。

2006年，主编孙雅娟参加了南京市教学科学“十一五”规划课题“关于中等职业学校IT类专业项目化课程改革实践的研究”，并编写作为研究成果之一的校本教材《平面设计项目实训手册》。本书由主编孙雅娟、副主编张瑾、参编周韫共同对《平面设计项目实训手册》修编而成，其中第1、2两章主要由孙雅娟编写，第3章由张瑾编写，第4章由周韫编写，并由该课题的主持人姜峻负责主审工作。姜峻，金陵职教中心校长，多次主持、参与南京市教学科学“十五”、“十一五”规划课题，如“中等职业学校试办综合高中的研究”、“提高中等职业学校电子商务专业适应性的对策研究”、“新课程理念下素质教育在课堂中体现的研究”等，主编出版多本《单招生—相约在高校（数学复习用书）》、《培养学生美的鉴赏力》等出版物。

本书内容所提及的标志、标准字、人像图片、设计物的图片版权均属于各厂商所有，编者将其收录于个人出版作品中，仅供教学实例讲述，绝无侵权意图，特此声明。

编　者

目　录

导　学

1.1　职业应用

VI（Visual Identity）即企业视觉识别，是 CIS（Corporate Identity System）企业形象识别系统中的一个重要部分，是企业或机构个性和身份的识别。在当今资讯和媒体发达的信息时代，独特和规范统一的视觉形象的重要性不言而喻。

世界上一些著名的跨国企业如美国宝洁公司、可口可乐公司、日本佳能公司等，无一例外都建立了一整套完善的企业形象识别系统，以上这些企业、机构能在竞争中立于不败之地，与科学有效的视觉传播不无关系。近年来，国内一些企业也逐渐意识到形象识别系统的重要性，纷纷将自己的企业形象重新规划设计，从而提高了企业的知名度，并且塑造了鲜明、良好的企业形象，如海尔公司、中国银行等。

随着近年来众多企业、机构对 VI 设计的重视，VI 设计行业也渐渐兴起。早期的 VI 设计大多由一些广告公司兼做，而今国内已经成立了许多专业的 VI 设计公司，专业从事企业标志设计、VI 设计等工作，VI 设计师也渐渐成为一个新兴职业。

本书模拟真实工作中的场景，以项目任务的形式介绍了 VI 设计中知识及操作技能，在指导学生进行 VI 设计的同时，加以色彩、构图等基本的设计知识，培养学生作为 VI 设计师所必须具备的创意能力和设计能力，使学生能够根据客户的需求设计并制作出优秀的 VI 设计作品。

1.2　新兵训练营

1.2.1　什么是 VI 设计

CIS（Corporate Identity System）企业形象识别系统由 MI（Mind Identity，理念识别）、

BI（Behavior Identity，行为识别）、VI（Visual Identity，视觉识别）三方面组成。由于人们在接收外部信息时，83%的信息是通过视觉通道到达人们心智的，视觉是人们接受外部信息的最重要和最主要的通道，因此 VI 成为 CIS 的主要表现媒体，是 CIS 系统中最具传播力和感染力的一部分。

举个例子，当提到肯德基时，人们第一时间想到的就是肯德基上校老爷爷头像、KFC 的字样、红白蓝相间的产品包装、统一风格的店面及内部装潢等，如图 1-1、图 1-2、图 1-3 所示，可见肯德基的 VI 形象已经深入人心。

图 1-1　肯德基标志

图 1-2　肯德基产品包装

图 1-3　肯德基店面形象

VI 设计就是对企业外在形象、企业的仪表的设计。一个优秀的 VI 设计是传播企业经营理念，建立企业知名度，塑造企业形象的快速便捷之途，它可以使一个企业快速被社会大众所接受，在行业中脱颖而出。

那么如何才能成为一名优秀的 VI 设计者呢？做 VI 设计需要掌握哪些技能呢？带着这些疑问，我们来学习下节内容。

1.2.2　VI 设计相关知识

1. VI 设计及应用的基本原则

VI 设计不是机械的符号操作，而是以 MI 为内涵的生动表述。所以，VI 设计应多角度、全方位地反映企业的经营理念。设计时应遵循以下 7 个基本原则：①风格的统一性原则；②强化视觉冲力的原则；③强调人性化的原则；④增强民族个性的原则；⑤追求实施性的原则；⑥符合审美规律的原则；⑦严格管理实施的原则。

2. VI 设计的基本程序

VI 设计的程序可大致分为以下五个阶段：

（1）准备阶段　准备阶段的工作包括：成立 VI 设计小组，理解消化 MI，确定贯穿 VI 设计的基本形式，搜集相关资讯。VI 设计小组成立后，首先要充分地理解、消化客户的经营理念，把 MI 的精神吃透，并寻找与 VI 的结合点。

（2）设计开发阶段　设计开发阶段是整个 VI 设计程序中最重要的环节，VI 设计人员与企业客户间的充分沟通、在各项准备工作就绪之后，VI 设计小组即可进入具体的设计阶段。

（3）反馈修正阶段　这一阶段 VI 设计小组拿出初步的设计方案，由企业代表审核后，提出修改意见，VI 设计小组根据企业反馈的意见，进行初步修改。

（4）调研与修正反馈　反馈修正后还要进行较大范围的调研，以便通过一定数量、不同层次的调研对象的信息反馈来检验 VI 设计的各个细节。

（5）定型并编制 VI 设计手册　在调研、修正的基础上，最终定型 VI 设计。在 VI 设计定型后，需要将一系列的 VI 设计项目编制成 VI 设计手册，以便准确地执行。

3. 完整的 VI 目录

一套完整的 VI 设计包含众多的设计项目，这里列出一套完整的 VI 设计目录，但在实际操作中，设计者要根据企业客户的需求进行针对性的设计：

（1）基础视觉要素设计项目

1）企业标志设计。企业标志及标志创意说明 、标志墨稿、标志反白效果图、标志标准化制图、标志方格坐标制图、标志预留空间与最小比例限定、标志特定色彩效果展示。

2）企业标准字体。企业全称中文字体、企业简称中文字体、企业全称中文字体方格坐标制图、企业简称中文字体方格坐标制图、企业全称英文字体、企业简称英文字体、企业全称英文字体方格坐标制图、企业简称英文字体方格坐标制图。

3）企业标准色（色彩计划）。企业标准色（印刷色）、辅助色系列、下属产业色彩识别、背景色使用规定、色彩搭配组合专用表、背景色色度、色相。

4）企业造型（吉祥物）。吉祥物彩色稿及造型说明、吉祥物立体效果图、吉祥物基本动态造型、企业吉祥物造型单色印刷规范、吉祥物展开使用规范。

5）企业象征图形。象征图形彩色稿（单元图形）、象征图形延展效果稿、象征图形使用规范、象征图形组合规范。

6）企业专用印刷字体。

7）基本要素组合规范。标志与标准字组合多种模式、标志与象征图形组合多种模式、标志吉祥物组合多种模式、标志与标准字、象征图形、吉祥物组合多种模式、基本要素禁止组合多种模式。

（2）VI 应用设计项目

1）办公事物用品设计。高级主管名片、中级主管名片、员工名片、信封、国内信封、国际信封、大信封、信纸、国内信纸、国际信纸、特种信纸、便笺、传真纸、票据夹、合同夹、合同书规范格式、档案盒、薪资袋、识别卡（工作证）、临时工作证、出入证、工作记事簿、文件夹、文件袋、档案袋、卷宗纸、公函信纸、备忘录、简报、签呈、文件题头、直式及横式表格规范、电话记录、办公文具、聘书、岗位聘用书、奖状、公告、维修网点名址封面及内页版式、产品说明书封面及内页版式、考勤卡、请假单、名片盒、名片台、办公桌标识牌、及时贴标签、意见箱、稿件箱、企业徽章、纸杯、茶杯、杯垫、办公用笔、笔架、笔记本、记事本、公文包、通讯录、财产编号牌、培训证书、国旗、企业旗、吉祥物旗旗座造型、挂旗、屋顶吊旗、竖旗、桌旗。

2）公共关系赠品设计。贺卡、专用请柬、邀请函及信封、手提袋、包装纸、钥匙牌、鼠标垫、挂历版式规范、台历版式规范、日历卡版式规范、明信片版式规范、小型礼品盒、礼赠用品、标识伞。

3）员工服装、服饰规范。管理人员男装（西服礼装、白领、领带、领带夹）、管理人员女装（裙装、西式礼装、领花、胸饰）、春秋装衬衣（短袖）、春秋装衬衣（长袖）、员工男装（西装、蓝领衬衣、马甲）、员工女装（裙装、西装、领花、胸饰）、冬季防寒工作服、运动服外套、运动服、运动帽、T恤（文化衫）、外勤人员服装、安全盔、工作帽。

4）企业车体外观设计。公务车、面包车、班车、大型运输货车、小型运输货车、集装箱运输车、特殊车型。

5）标志符号指示系统。企业大门外观、企业厂房外观、办公大楼体示意效果图、楼户外招牌、公司名称标识牌、公司名称大理石坡面处理、活动式招牌、公司机构平面图、大门入口指示、玻璃门、楼层标识牌、方向指引标识牌、公共设施标识、布告栏、生产区楼房标志设置规范、立地式道路导向牌、立地式道路指示牌、立地式标识牌、欢迎标语牌、户外立地式灯箱、停车场区域指示牌、立地式道路导向牌、车间标识牌与地面导向线、车间标识牌与地面导向线、生产车间门牌规范、分公司及工厂竖式门牌、生产区平面指示图、生产区指示牌、接待台及背景板、室内企业精神口号标牌、玻璃门窗醒示性装饰带、车间室内标识牌、警示标识牌、公共区域指示性功能符号、公司内部参观指示、各部门工作组别指示、内部作业流程指示、各营业处出口/通路规划。

6）销售店面标识系统。小型销售店面、大型销售店面、店面横、竖、方招牌、导购流程图版式规范、店内背景板（形象墙）、店内展台、配件柜及货架、店面灯箱、立墙灯箱、资料架、垃圾筒、室内环境。

7）企业商品包装识别系统。大件商品运输包装、外包装箱（木质、纸质）、商品系列包装、礼品盒包装、包装纸、配件包装纸箱、合格证、产品标识卡、存放卡、保修卡、质量通知书版式规范、说明书版式规范、封箱胶、会议事务用品。

8）企业广告宣传规范。电视广告标志定格、报纸广告系列版式规范（整版、半版、通栏）、杂志广告规范、海报版式规范、系列主题海报、大型路牌版式规范、灯箱广告规范、公交车体广告规范、双层车体车身广告规范、T恤衫广告、横竖条幅广告规范 、大型氢气球广告规范、霓红灯标志表现效果、直邮DM宣传页版式、广告促销用纸杯、直邮宣传三折页版式规范、企业宣传册封面、版式规范、年度报告书封面版式规范、宣传折页封面及封底版式规范、产品单页说明书规范、对折式宣传卡规范、网络主页版式规范、分类网页版式规范、光盘封面规范、擎天柱灯箱广告规范、墙体广告、楼顶灯箱广告规范、户外标识夜间效果、展板陈列规范、柜台立式POP广告规范、立地式POP规范、悬挂式POP规范、产品技术资料说明版式规范、产品说明书、路牌广告版式。

9）展览指示系统。标准展台、展板形式、特装展位示意规范、标准展位规范、样品展台、样品展板、产品说明牌、资料架、会议事务用品。

1.2.3 常用软件介绍

1. Adobe Photoshop 软件介绍

（1）软件概况　Photoshop 是 Adobe 公司突出的一个优秀的图像处理软件，广泛用于各种图像特效、文字特效和网页的特效制作。

（2）主要工具介绍

1）选框工具：包括矩形选框工具、椭圆形选框工具、单行选框工具、单列选框工具 4 种工具，用于选择不同形状的选区。

2）套索工具：包括套索工具、多边形套索工具、磁性套索工具 3 种工具，用来建立复杂形状的选区。

3）画笔工具：包括画笔工具和铅笔工具，通过对画笔的设置可绘制出不同效果的图案。

4）路径工具：用来创建和编辑路径图形，可以使用钢笔工具和自由钢笔工具绘制路径图形，并通过添加锚点工具和转换点工具编辑路径。

（3）图层概念　可将图层想象成是一张张叠起来的透明画纸，透过上层图层中没有图像的透明区域可以看到下层图层中的图像。

（4）工具展开图（见图 1-4）

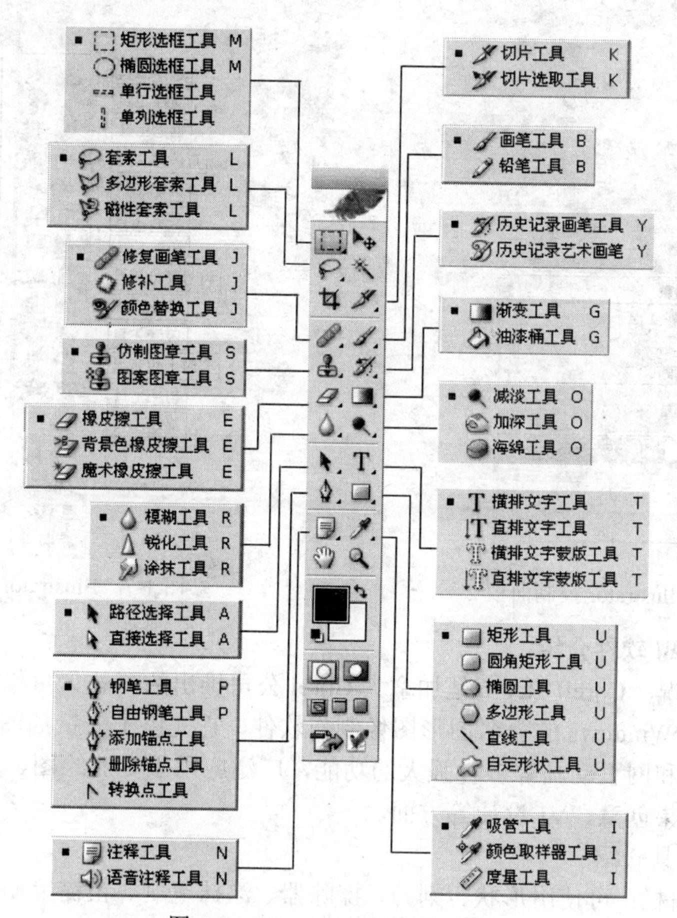

图 1-4　Photoshop 工具展开图

2. Adobe Illustrator 软件介绍

（1）软件概况　Illustrator 是 Adobe 公司开发的一个基于矢量图形的优秀绘图软件，它和 CorelDRAW 一样，是目前矢量绘图的主流软件之一，广泛运用于平面设计、插画设计、网页设计以及企业识别系统（VI）策划、地图绘制和信息管理等领域，并和 Photoshop 以及其他 Adobe 家族的软件紧密结合。

（2）主要工具介绍

1）套索工具组：用圈出的面积来确定选中的物体、结点或路径。

2）钢笔工具组：用来绘制直线或曲线以产生物体，并可通过锚点的加、减、转换进行调整。

3）文本工具组：用来创建不同方式的文本，包括水平文本、垂直文本和路径文本等。

4）形状工具组：用来创建各种不同的规则图形，包括圆形、矩形、多边形和多角形等。

（3）软件控制面板及工具展开图（见图 1-5、图 1-6、图 1-7）

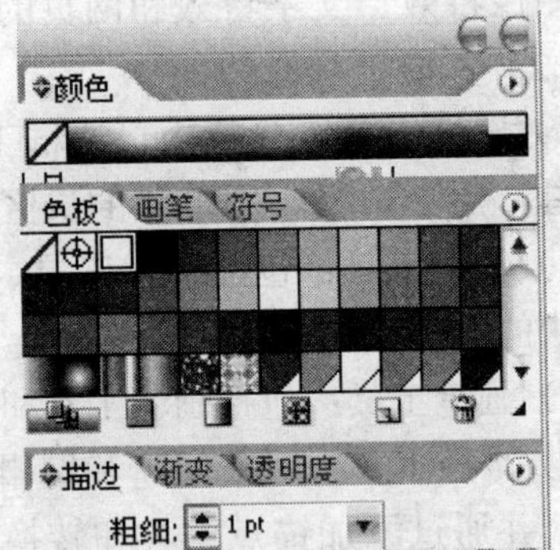

图 1-5　Illustrator 控制面板 1

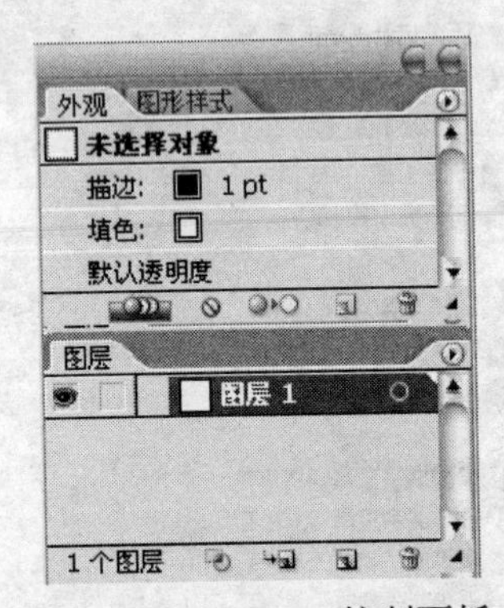

图 1-6　Illustrator 控制面板 2

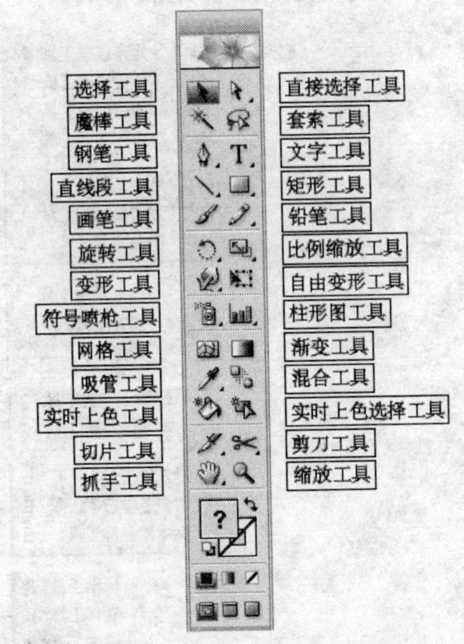

图 1-7　Illustrator 工具展开图

3. CorelDRAW 软件介绍

（1）软件概况　CorelDRAW 是加拿大 Corel 公司推出的一款矢量绘图软件，也是目前流行的一种基于 Windows 的著名图形图像制作软件，它提供了矢量插图、页面设计、网站制作、位图编辑和网页动画等多种强大的功能，广泛应用于专业绘图、产品包装、工业制造设计、字体效果创意、VI 设计等方面。

（2）主要工具介绍

1）形状编辑栏：可使用形状、刻刀、擦除器、涂抹笔刷、粗糙笔刷和自由变换工具对曲线对象的形状进行编辑。

2）曲线栏：可以使用手绘、贝塞尔、艺术笔、折线、钢笔、3 点曲线、尺度和交互式连线工具进行曲线对象的绘制。

3）对象栏：可以使用多边形来绘制对称式多边形和星形，使用图纸工具绘制网格线图形，以及使用螺旋形工具来创建对称式或者对数式螺纹。

4）完美形象栏：使用基本形状、箭头形状、流程图形状、星形和标注形状工具来创建各种不同的图形对象。

5）交互式工具栏：使用交互式调和、交互式轮廓图、交互式变形、交互式封套、交互式立体化、交互式阴影和交互式透明工具对对象添加各种特殊效果。

（3）工具展开图（见图 1-8 所示）

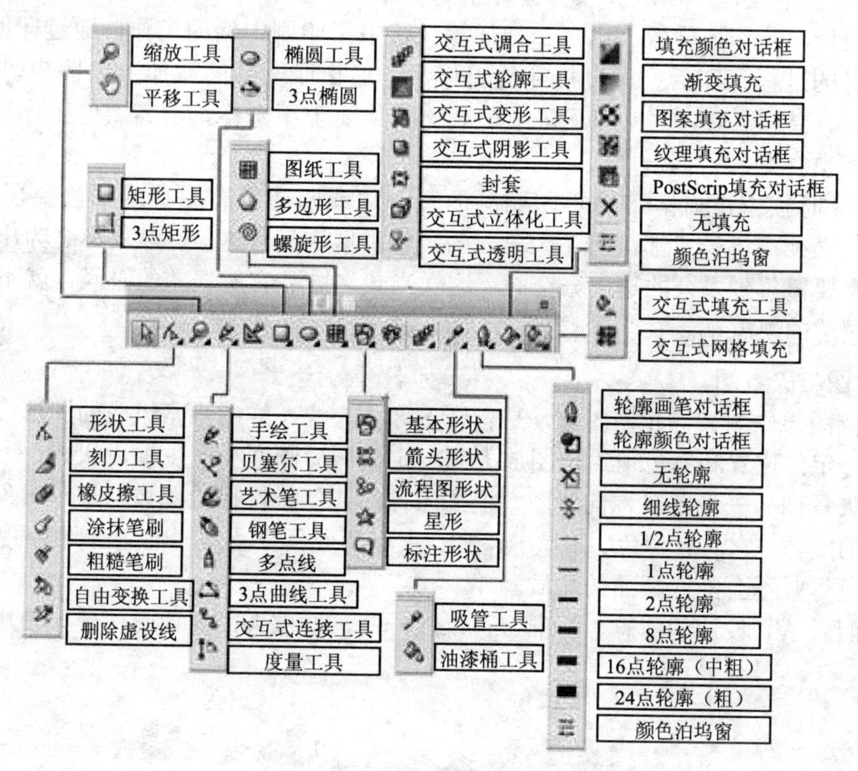

图 1-8 CorelDRAW 工具展开图

1.2.4 其他知识

1．色彩

色彩是一种复杂的语言，它具有喜怒哀乐的表情，有时会使人心花怒放，有时欲使人惊心动魄，除了对视觉发生作用，色彩同时也影响于感觉器官。事实证明色彩对人类心理及生理的影响是何等复杂与多样，因此在 VI 设计之初，最好先了解各公司的企业形象，找到适合的颜色和配色方案。

具体的颜色模式和有关色彩的知识将在“2.4 任务 3——标准色设计”中详细讲解。

2．构图

（1）主要构图　依照平面构图，在 VI 设计中主要的构图类型有：平衡式构图、对角线构图、曲线构图、三角形构图等。

（2）黄金比例　黄金比例是设计者常用的构图尺寸比例。黄金比例具有理性数据比例的视觉美感，安定、活泼且具均衡感，是视觉设计之最佳的要点和比例；在版面构图时，只要运用这个比例，视觉效果即可达到稳定且兼具美感的画面。常用的黄金比例有以下几种：1:1.618、3:5、5:8、8:13、12:21、55:89，其中1:1.618出现的比例最高。

3．印刷知识

作为一位合格的VI设计者还需要了解一定的印刷知识，以下是一些基本的印刷知识和术语。

1）印刷基本流程　印刷一般分为印前、印中、印后。印前指印刷前期的工作，一般指摄影、设计、制作、排版、出片、打样等；印中指印刷中期的工作，通过印刷机印刷、检剔出成品的过程；印后指印刷后期的工作，一般指印刷品的后加工包括裁切、覆膜、模切、糊袋、装裱、UV上光等。每个产品的具体要求不一样，所需要的工序也不一样，因此流程上也会有所不同。

2）设计时预留出血区。由于印刷品的某一边或四边都有图案或颜色要顶到页面边缘的，你就必须在每一边都留出3～5mm的多余扩展空间，这一区域就称之为出血。图片或颜色通常要覆盖到多余的这部分空间，这样当裁切成品有所误差的时候，就不会出现图形偏向和白边的现象了。

4．位图与矢量图

（1）位图　位图又称光栅图像，是有许多像小方块一样的像素组成的图形，每个像素都有自己特定的位置和颜色值，位图放大到一定比例后画面会产生锯齿状。

（2）矢量图　矢量图又称向量图，根据图像的几何特性描绘图像，每个对象都是一个自成一体的实体，它具有颜色、形状、轮廓、大小和屏幕位置等属性，当调整图像的大小、角度、颜色等时不会降低画面的品质。

在我们做VI设计的标志、标准字、以及一些需要放大的图像时，建议使用矢量图形设计软件。

本章小结

本章内容为VI设计的入门知识，向大家初步地介绍了进行VI设计时必须掌握的知识及技能，包括什么是VI设计，VI设计的基本步骤，常用软件的界面及工具使用以及色彩、构图等一系列的基本知识。由于章节限制，这些知识在这里只是泛泛而谈，让初学者对VI设计能从整体框架和流程上有个全方位的了解，为将来学习VI设计奠定基础。

第2章

项目一——教育培训机构VI设计

2.1 企业情况调研

2.1.1 企业概况

本章内容中虚拟的设计对象是一所教育培训机构：孙老师平面设计培训中心。

孙老师平面设计培训中心是国内一所专业从事平面设计培训的培训机构，培训的对象主要分为两种类型：一是中专、大专相关专业的在校生；二是有一定平面设计基础知识的兴趣爱好者。

孙老师平面设计培训中心的培训思想：坚决贯彻“以出为主”的培训理念，运用教练式培训成就学员就业梦想。

“拥有一份理想的工作”应该是绝大多数人参加培训的目的，而培训结束后拥有的工作是否理想，则完全取决于走出培训机构的那一刻，你的能力是否达到了理想单位对你的要求。正是基于一切努力只为学员成功就业这一信念。孙老师平面设计培训中心从学员入学的那天开始，一切都是在为学员走出培训中心，顺利跨入职场的那一刻做准备。他们倡导“理论够用，实战为重”，他们倡导“以出为主，注重实效”；独创“项目驱动式”培训模式，使教师更像一位“教练”，把学生从书海中解脱出来，把“项目训练”当成了重中之重。孙老师平面设计培训中心所倡导的“以出为主”教练式培训理念，正是把握住了这一要领，帮助培训对象找到出路，走向成功！

2.1.2 项目任务

1. VI 视觉要素设计

（1）标志设计（见 2.2 任务 1）

（2）标准字设计（见 2.3 任务 2）

（3）标准色设计（见 2.4 任务 3）

2. 办公事务用品类

（1）名片设计（见 2.5 任务 4）

（2）信封、信纸设计（见 2.6 任务 5）

（3）文件夹设计（见 2.7 任务 6）

（4）日历设计（见 2.8 任务 7）

在对企业情况进行调研后，我们对企业的基本信息已经有了初步的了解，接下来将通过与客户的沟通，了解客户企业的性质和商品的特性，并参考企业的形象战略，完成具体项目任务的设计工作。

下面的章节将根据企业的要求来设计各类用品，并就具体设计方法做详细说明。

2.2 任务 1——标志设计

2.2.1 知识储备

1. 标志的意义

标志是 VI 视觉要素中的核心要素。标志是指那些造型单纯、意义明确统一、标准的视觉符号，一般是依据企业的文字名称、图案记号或两者相结合的一种设计。它具有象征功能、识别功能，是企业形象、特征、信誉和文化的浓缩，一个设计杰出、符合企业理念的标志，会增加企业的信赖感和权威感，在公众的心目中，它就是一个企业或品牌的代表。

标志是非语言性的第一人称，有时比语言性的传递手段更迅速、更有力、更准确，而且世界通用。

商标是标志中特殊的一类，它是商品的标志，是生产者或经营者为使自己提供的商品和劳务具有明显特征，并能够区别商品来源而使用的识别符号，它是产品质量的象征和企业信誉的重要代表。商标与企业标志一样，都以符号、图案、颜色、字体及其组合表示。商标的法律色彩浓厚，只有经过法律程序注册登记的商标才有专门使用权，并受法律保护。

商标与企业标志可以截然不同、部分相同或完全一致。除了符合企业标志的设计特点外，商标设计还有其特殊要求：商标设计必须符合商标注册法规，如不能使用直接表现商品质量、主要原料、功能、用途、重量等特点的文字作商标；不能使用与其他已注册商标相同或近似的商标；不能使用与国家及国际组织的名称、旗帜、徽记、标志相同或近似的文字或图案等。此外，当商标和企业标志不同时，其设计风格应与企业标志相对应而不是冲突。

2. 标志的分类

标志按结构分类可分为：图形标志、文字标志和复合标志3种。

图形标志是以富于想象或相联系的事物来象征企业的经营理念、经营内容，借用比喻或暗示的方法创造出富于联想、包含寓意的艺术形象。图形标志设计还可用明显的感性形象来直接反映标志的内涵（见图2-1）。

文字型标志是以含有象征意义的文字造型作基点，对其变形或抽象地改造，使之图案化。拉丁字母标志可用作企业名称的缩写（见图2-2）。

文字、图案复合标志指综合运用文字和图案因素设计的标志，有图文并茂的效果（见图2-3）。

Dior

图2-1 图形标志　　图2-2 文字型标志　　图2-3 复合标志

3. 标志设计发展趋势

近年来在标志设计强调“个性化、差异化、多样化”的趋势下，标志设计的转变主要表现在以下几个方面：绘画→图案格式；一般图案→几何图案；具体→抽象；由繁到简，从二维空间到三维空间的立体效果；图与底相互利用，从实体到虚体的阴阳相生效果；由静到动，由理性图形到感性图形，朝充满生气、自然活泼发展。

2.2.2 任务情境

任务：为一所名为“孙老师平面设计培训中心”的培训机构设计一个标志，该培训中心主要面对中职、高职在校学生进行平面设计的相关培训。

要求：

1）标志设计要做到构图合理、标准色搭配和谐并且醒目。

2）标志造型要能够表现出独特的企业性质。

3）标志设计与企业的形象战略相符合。

4）要求制作标志的落格及反白效果。

2.2.3 任务分析

1. 设计软件分析

由于标志几乎出现在整套 VI 设计中的每一个设计项目任务中，大到巨幅海报、小到名片胸卡，它必须在放大或缩小的时候均保持清晰，因此在设计标志时建议使用矢量图形设计软件，如 Adobe Illustrator、CorelDRAW 等软件。

在本任务中使用的是 Adobe Illustrator。

2．设计思路分析

标志代表着一个企业的形象。一个优秀的标志必须有好的创意，好的创意必定来自对主题本身的挖掘。因此，只有牢牢把握好主题，展开辐射式的思维，才能找到最佳定位点。

在做一个标志之前，一定要用大量的时间去了解这个企业的背景和文化及国内外比较知名的同类企业。当企业的主题一旦确定，造型要素、标志中的色彩运用等表现形式自然而然的就展开了。不重视主题的选择，或者带有随意性和主观性的做法都会使设计事倍功半。即使标志图形本身非常美，也只能是装饰而已，既不符合企业的实际情况，也不会有长久的生命力。一个成功的标志要具备塑造企业品牌形象的功能目标是这个标志设计的最终目的。那么，拿到一个标志的设计项目时，应该如何下手呢？常用的设计思路有以下几种：

（1）从企业理念出发　企业理念包含企业宗旨、企业文化等，比较抽象。将企业独特的经营理念和企业精神、企业文化、采用抽象化的图形或符号具体地表达出来就显得尤为重要。一般可运用象征、联想、借喻的手法进行构思。如美国包裹服务公司（UPS）的标志主题图案轮廓为盾牌，盾牌体现了该公司服务质量的庄重承诺。盾牌上加上轻轻的一条弧线，代表的既是一张弓，又是离开弓弦后正在飞行的箭，从而表示着速度的极致和到达目的地的担保，体现了公司所送的货物能在瞬间稳妥抵达（见图 2-4）。

图 2-4　UPS 标志

（2）从企业经营产品的外观造型出发　对于一些具有经营产品的企业，也可考虑从产品的外观造型出发，以产品为设计元素进行设计，这个方法具有形象直观、易认易记的优势。如水果生活的标志，以一个新鲜的红苹果为设计主要元素，体现了该企业的产品新鲜营养的产品特点（见图 2-5）。

（3）从企业名称、品牌名称中包含的文字出发　这类设计的特点在于取字首形成强烈的视觉冲击力，强化字首特征，增强了标志的可视性，发挥相乘倍率的效果。如大家熟知的麦当劳（McDonal’s）取 m 作为其标志，颜色采用金黄色，它像两扇打开的黄金双拱门，象征着欢乐与美味，象征着麦当劳像磁石一样不断地把顾客吸进这座欢乐之门（见图 2-6）。

图 2-5　水果生活标志

图 2-6　麦当劳标志

在本任务中使用的是第三种思路：从企业名称、品牌名称中包含的文字出发，以“孙老师设计工作室”的“孙”（SUN）的开头字母 S 为设计的主题，将 S 字母变形，上方加以二点，巧妙地形成一位老师俯身为两位学生讲授知识的温馨画面，右方的灰色圆弧，体现了老师所教授的知识在不断地向外扩散传播（见图 2-7）。

3．设计注意事项

首先，好的标志应简洁鲜明、富有感染力。无论用什么方法设计的标志，都应力求形体简洁，形象明朗，引人注目，而且易于识别、理解和记忆。

其次，优美精致，符合美学原理，也是一个成功标志所不可缺少的条件。造型美是标志的艺术特色，设计时应把握一个“美”字，使符号的形式符合人类对美的共同感知；点、线、面、体 4 大类标志设计的造型要素，在符合形式规律的运用中，能构成独立于各种具体事物的结构的美感。

第三，标志要被公众熟知和信任，就必须长期宣传、广泛使用，因此稳定性、一贯性是必须的，但随着时代的变迁或企业自身的变革与发展，标志所反映的内容或风格有可能落后于时代，因此在保持相对稳定性的同时，也应具有时代精神，作必要的调整修改。

第四，在各应用项目中，标志运用最频繁，它的通用性便不可忽视。标志除适应商品包装、装潢外，还要适宜电视传播、霓虹灯装饰、建筑物、交通工具等，以及各种工艺制作及有关材料，包括各种压印、模印、丝网印和彩印等，在任何使用条件下确保其清晰、可辨。

2.2.4 任务实施

1．效果图展示（见图 2-7）

图 2-7　任务 1 效果图

2．步骤分析

1）打开 Illustrator 软件，新建文件，在颜色模式中选择 CMYK 颜色，如图 2-8 所示。

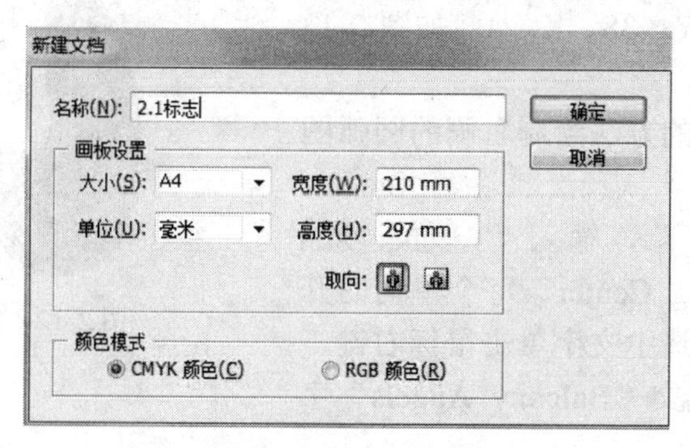

图 2-8“新建文档”对话框

2）双击前景色，打开拾色器，将前景色设置为 C：64、M：75、Y：16、K：14，如图 2-9 所示。

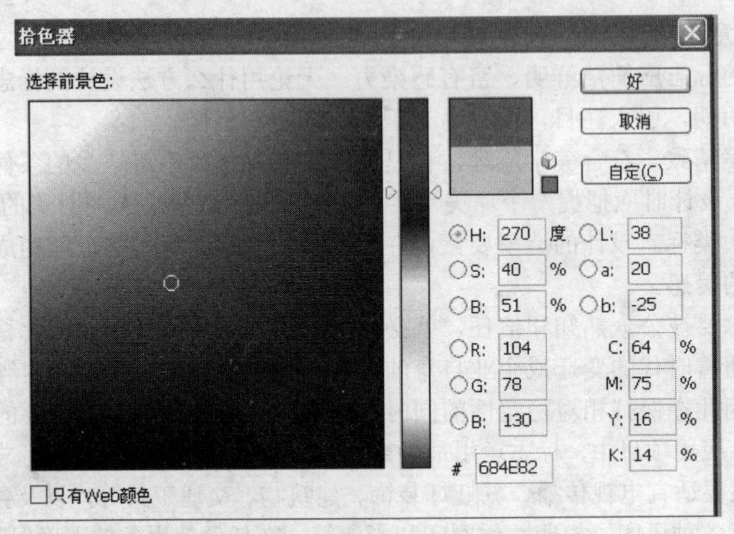

图 2-9 “拾色器”对话框

3）选择钢笔工具，绘制如图 2-10 所示的图形。

4）选择转换锚点工具，将图形修整为圆滑的 S 形，如图 2-11 所示。

图 2-10 绘制完成的图形

图 2-11 修改后的图形

5)运用步骤 3、步骤 4 的方法在卧倒的“S”上方绘制 3 个圆点的图形，如图 2-12 所示。

6）双击前景色，打开拾色器，将前景色设置为 C：32、M：20、Y：38、K：4，如图 2-13 所示。

7）运用步骤 3、4 的方法绘制右侧的圆弧图形，如图 2-14 所示。

8）运用文字工具 T，输入“Teacher Sun Graphic Design Training Center”每个单词的开头字母“TSGDTC”，选中文字单击鼠标右键，点击“字体”，选择英文“Balcony Angels”字体，如图 2-15 所示。

图 2-12 完成后的图案

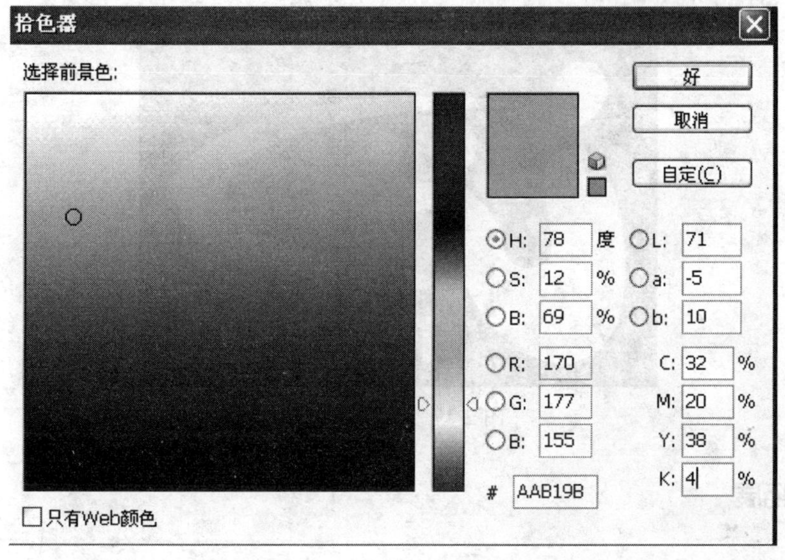

图 2-13 “拾色器”对话框

图 2-14 加入圆弧的图案

图 2-15 加入字母的图案

3．落格效果

为了确定标志图案之间的位置关系及大小比例，一般使用落格的方法，如图 2-16 所示。

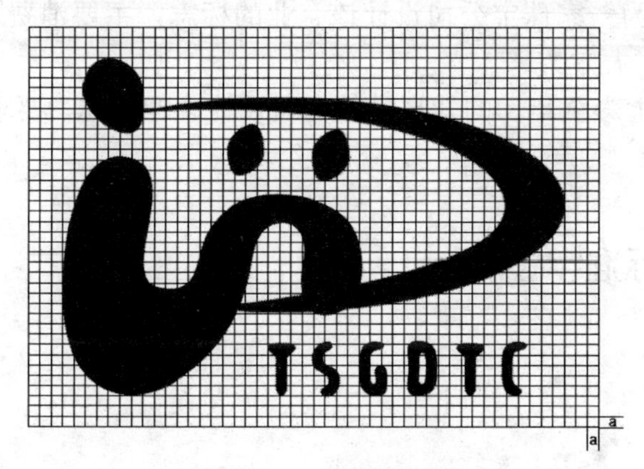

图 2-16 落格效果图

4．反白效果（见图 2-17）

图 2-17　反白效果图

2.2.5　任务拓展

1．临摹实例练习

要求：根据提供的效果图，运用 2.2.4 任务实施中介绍的工具及制作方法完成如图 2-18、图 2-19、图 2-20 所示作品。

图 2-18　练习 1

图 2-19　练习 2

图 2-20　练习 3

2．自由设计实例练习

要求：运用本章节中介绍的设计方法完成下列设计，并能阐述自己的设计主题和设计思路。

1）运用天鹅图案为一家珠宝公司设计该企业的标志，主要消费对象为 20～30 岁的时尚女性，要求设计简洁大方。

2）为一家名为“七彩童年”的儿童早教公司设计企业标志，要求标志颜色亮丽，图形简洁可爱。

2.3　任务 2——标准字设计

2.3.1　知识储备

1．标准字的意义

文字是人类日常生活中最常见的视觉媒体之一，它是学术文化的传播者。而字体设计就是将文字精神技巧化，并加强文字的造型魅力。所以文字应用在设计行业时，不单只为传达讯息，并且具有装饰和欣赏的功能和加强印象的机能。

标准字和标志一样，也是企业识别系统（CIS）中基本视觉要素之一，因为种类繁多、运用广泛，几乎涵盖了视觉识别体系（VIS）中的各种应用设计要素，其出现的频率较企业标志有过之而无不及，因此它的重要性决不亚于企业标志，更由于文字本身具有明确的说明性，可直接将企业、品牌的名称传达出来，通过视觉、听觉的同步传达，强化企业形象与品牌形象。因此，企业标准字的设计在企业识别系统视觉传达中有着举足轻重的作用。

标准字与普通文字的最大差别在于强烈的总体风格和个性形象。标准字的设计要根据企业名称、品牌名称、活动主题、广告口号等精心设计创作。

标准字设计的题材来源有：公司中英文全名、中英文字首、文字标志等，字形则包罗万象、设计的字形、篆刻的字形、传统的字形。最后，要注意字体与书面的配合，来营造版面的气氛，将名牌塑造成另一种新视觉语言。

2. 标准字的分类

标准字的种类繁多，功能各异，依照其性质可分为以下几种：

1）企业标准字：经过统一设计的企业名称，以传达企业精神，表现企业的经营理念，建立企业品格和信誉。

2）字体标志：将企业的名称设计成具有独特性格、完整意义的标志，达到容易阅读、认知、记忆的目的。

3）品牌标准字：企业品牌标准字与商标组成完整的信息单位，在传达中各自发挥重要的作用。

4）产品名称标准字：为了表现产品的功能和特性，往往取上一个有亲切感、容易记、容易读、个性强、印象度高的名称，方便传播和广告宣传。

5）活动标准字：活动标准字是指专为新产品推出、节令庆典、展示活动、竞赛活动、社会活动、纪念活动等企业特殊活动所设计的标准字。

6）标题标准字：标准字用于广告文案、专栏报道、连载小说、电影广告的开头等，如产品的说明书、广告海报、图书专集的书名等均属这一类。

3. 标准字的特征

1）识别性：标准字的识别性体现在独特的风格与强烈的个性印象上。依据企业经营理念、文化背景和行业特征等因素的差别，塑造不同个性的字体，传达企业性质与商品特性达到企业识别的目的。

2）易读性：企业标准字应具备明确的传播信息、说明内容之易读效果，才能满足现代企业讲究速度、效率的精神，提高视觉传达的瞬间效果。

3）造型性：标准字不仅要通过其形态特征传达企业的个性形象，而且要力求做到美的传达，创造企业美的形象，提高传播效益。

4）系统性：标准字体设计完成后，必然要导入企业识别系统，与其他视觉要素组合运用，以贯彻视觉传达的统一感，由此成为具有前瞻性、系统性的设计表现。

2.3.2 任务情境

任务：配合任务1中设计的“孙老师平面设计培训中心”标志，再为该培训中心设计标准字，包括“孙老师平面设计培训中心”的中文标准字，以及英文标准字“Teacher Sun Graphic Design Training Center”。

要求：

1）标准字造型要与标志造型相融合。

2）标准字设计要与企业的形象战略相符合。

3）要求制作标志的落格及反白效果。

4）以落格方法确定标准字与标志的位置关系及大小比例。

2.3.3 任务分析

1．设计软件分析

由于标准字与标志一样需要出现在各种场合，也必须符合在放大、缩小的情况下保持清晰，因此设计标准字时也应用到矢量图形设计软件。

同样的，在本任务中，继续使用Adobe Illustrator来设计标准字。

2．设计思路分析

（1）使用基本字体　这种设计方法是一种相对简单的方法，设计时只需选定标准字的文字内容、基本字体、颜色、以及和标志的方位关系就可以了，如图2-21所示。

图2-21　基本字体

（2）在基本字体上进行变形　这种设计方法是以基本字体为设计原型，在基本字体的字形基础上，对于个别文字或所有文字稍作变形，形成新的字体，作为标准字，如图2-22所示。

（3）创造字体　这种设计方法是指标准字的字体形状完全由设计者绘制，是一种前所未有的字体，如图2-23所示。

图2-22　基本字体+变形

图2-23　创造字体

在本任务中使用的是第一种思路：中文“孙老师平面设计培训中心”直接选择“黑体”字体，英文标准字“Teacher Sun Graphic Design Training Center”选择“Balcony Angels”字体。

3．设计注意事项

一般来说，标准字的设计除了技术上的要求之外，在设计时还应该注意如下几点：

（1）标准字的造型要能够表现出独特的企业性质和商品特性　标准字的企业名称或产

品名称经个性化处理后，形成的生动的符号，它能够表达丰富的内容。如“由细线构成的字体”易让人联想到纤维制品、香水、化妆品类。“圆滑的字体”易让人联想到香皂、糕饼、糖果类。“角形字体”易让人联想到机械类、工业用品类。

不仅不同字体可以使标准字造型表现出商品的个性，而且在标准字上加以具有象征、暗示、呼应等造型因素后，更能表现出企业或商品的特质。

（2）标准字造型要与标志造型相融合　标准字与标志是一个具有不同作用而又紧密相连的统一体，它们之间组合的位置、方式应该协调配合、均衡统一，使之既具有美感，又能鲜明地传达出企业文化和经营理念。

（3）标准字设计要与企业的形象战略相符合　由于企业的标准字需要经过长期的传播和使用，设计时要与企业的形象战略相符合才能得到社会大众的认同，如果标准字与企业的形象战略大相径庭，会使消费者无所适从。

2.3.4　任务实施

1．效果图展示（见图 2-24）

孙老师平面设计培训中心
Teacher Sun Graphic Design Training Center

图 2-24　任务 2 效果图

2．步骤分析

1）选择文字工具 T.，输入“孙老师平面设计培训中心”，选中文字单击鼠标右键，点击“字体”，选择英文“黑体”字体，如图 2-25 所示。

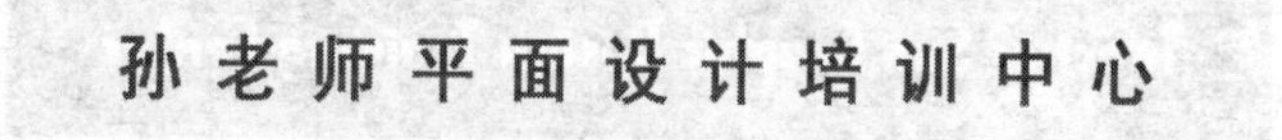

孙老师平面设计培训中心

图 2-25　输入后效果

2）双击前景色，打开拾色器，将前景色设置为 C：64、M：75、Y：16、K：14，如图 2-26 所示。

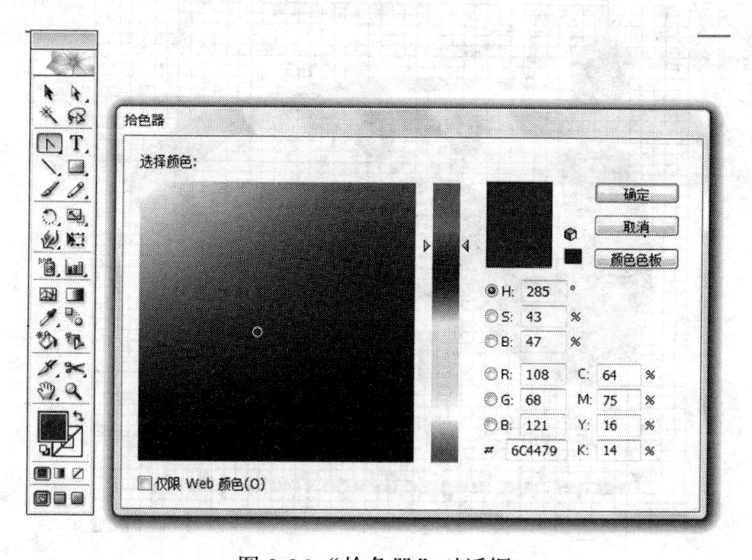

图 2-26 “拾色器”对话框

3）运用文字工具T，输入英文“Teacher Sun Graphic Design Training Center”，选中文字单击鼠标右键，点击“字体”，选择英文“Balcony Angels”字体，如图2-27所示。

孙老师平面设计培训中心

Teacher Sun Graphic Design Training Center

图2-27　中英文组合效果

3．落格效果（见图2-28）

图2-28　落格效果图

4．反白效果（见图2-29）

孙老师平面设计培训中心

Teacher Sun Graphic Design Training Center

图2-29　反白效果图

5．标准字与标志位置关系（见图2-30）

图2-30　标准字与标志位置关系

6. 标准字与标志组合效果（见图 2-31）

孙老师平面设计培训中心

Teacher Sun Graphic Design Training Center

图 2-31 标准字与标志组合效果图

2.3.5 任务拓展

1. 临摹实例练习

要求：根据提供的效果图，运用 2.3.4 任务实施中介绍的工具及制作方法完成如图 2-32～图 2-34 所示的作品。

图 2-32 练习 1

图 2-33 练习 2

图 2-34 练习 3

2. 自由设计实例练习：

要求：配合 2.2 章节中设计的标志，运用本章节中介绍的设计方法完成相对应的标准字，并能阐述自已的设计主题和设计思路。

1）为一家名为“珠光宝气”的珠宝公司设计该企业的标准字。

2）为一家名为“七彩童年”的儿童早教公司设计标准字。

2.4 任务 3——标准色设计

2.4.1 知识储备

1. 标准色的意义

现代社会信息十分庞杂，现代人的生活节奏也越来越快，对于不易了解的信息，人们多半缺乏热情和耐心去探究，所以简单、明快、感性的信息传递是现代人所崇尚的。能让人瞬间了解的信息，第一是色彩，第二是图形，第三才是文字。

标准色是用来象征公司或产品特性的指定颜色，是标志、标准字体及宣传媒体专用的色彩。在企业信息传递的整体色彩计划中，具有明确的视觉识别效应，因而具有在市场竞争中制胜的感情魅力。标准色具有科学化、差别化、系统化的特点。因此，进行任何设计活动和开发作业，必须根据各种特征，发挥色彩的传达功能。

标准色广泛用于标志识别、广告、包装、服饰、建筑等应用任务中，使消费者产生固定的意识，在纷杂的信息竞争中起到吸引消费者目光焦点的作用。一些色彩和企业形象紧密相联，在消费者心中已深深定位，如“可乐红”、“柯达黄”、“电信蓝”等，如图 2-35～图 2-37 所示。

图 2-35 可乐红

图 2-36 柯达黄

图 2-37 电信蓝

2. 常见颜色模式详解

（1）RGB 颜色模式（一般用于图像的编辑） RGB 颜色模式是一种加光模式。它是基于与自然界中光线相同的基本特性的，颜色可由红（Red）、绿（Green）、蓝（Blue）3 种波长产生，这就是 RGB 色彩模式的基础。红、绿、蓝三色称为光的基色。显示器上的颜色系统便是 RGB 色彩模式的。这三种基色中每一种都有一个 0～255 的值的范围，通过对红、绿、蓝的各种值进行组合来改变像素的颜色。所有基色的相加便形成白色；反之，当所有的基色的值都为 0 时，便得到了黑色。值得注意的是：RGB 色彩空间是与设备有关的，不同的 RGB 设备再现的颜色不可能完全相同。

（2）CMYK 色彩模式（一般用于印刷作品） CMYK 色彩模式是一种减光模式，它是四色处理打印的基础。这四色是：青、品红、黄、黑（即：Cyan、Magenta、Yellow、Black）。

青色是红色的互补色，将 R、G、B 的值都设置为 255，然后将 R 置为 0，通过从基色中减去红色的值，就得到青色。黄色是蓝色的互补色，通过从基色中减去蓝色的值，就得到黄色。品红是绿色的互补色，通过从基色中减去绿色的值，就得到品红色。这个减色的概念就是 CMYK 色彩模式的基础。在 CMYK 模式下，每一种颜色都是以这四色的百分比来表示的，原色的混合将产生更暗的颜色。CMYK 模式被应用于印刷技术，印刷品通过吸收与反射光线的原理再现色彩。

（3）HSB 色彩模式　HSB 色彩模式是基于人对颜色的感觉，将颜色看作由色泽、饱和度、明亮度组成的，为将自然颜色转换为计算机创建的色彩提供了一种直觉方法。我们在进行图像色彩校正时，经常都会用到色泽/饱和度命令，它非常直观。

（4）Lab 色彩模式　Lab 色彩模式是一种不依赖设备的颜色的模式，它是 Photoshop 用来从一种颜色模式向另一种颜色模式转变时所用的内部颜色模式。用户很少用到。

3．各种颜色的视觉效果、以及颜色与情感的关联

（1）红色　红色的色感温暖，性格刚烈而外向，是一种对人刺激性很强的色彩。红色容易引起人的注意，也容易使人兴奋、激动、紧张、冲动，还是一种容易造成人视觉疲劳的色。

在红色中加入少量的黄，会使其热力强盛，趋于躁动、不安。

在红色中加入少量的蓝，会使其热性减弱，趋于文雅、柔和。

在红色中加入少量的黑，会使其性格变的沉稳，趋于厚重、朴实。

在红中加入少量的白，会使其性格变的温柔，趋于含蓄、羞涩、娇嫩。

（2）黄色　黄色的性格冷漠、高傲、敏感、具有扩张和不安宁的视觉印象。黄色是各种色彩中，最为娇气的一种色彩。只要在纯黄色中混入少量的其他色，其色相感和色性格均会发生较大程度的变化。

在黄色中加入少量的蓝，会使其转化为一种鲜嫩的绿色。其高傲的性格也随之消失，趋于一种平和、潮润的感觉。

在黄色中加入少量的红，则具有明显的橙色感觉，其性格也会从冷漠、高傲转化为一种有分寸感的热情、温暖。

在黄色中加入少量的黑，其色感和色性变化最大，成为一种具有明显橄榄绿的复色印象。其色性也变的成熟、随和。

在黄色中加入少量的白，其色感变的柔和，其性格中的冷漠、高傲被淡化，趋于含蓄，易于接近。

（3）蓝色　蓝色的色感偏冷，性格朴实而内向，是一种有助于人头脑冷静的色彩。蓝色的朴实、内向性格，常为那些性格活跃、具有较强扩张力的色彩，提供一个深远、广阔、平静的空间，成为衬托活跃色彩的友善而谦虚的朋友。蓝色还是一种在淡化后仍然能保持较强个性的色彩。如果在蓝色中分别加入少量的红、黄、黑、橙、白等色，均不会对蓝色的性格构成较明显的影响力。

（4）绿色　绿色是具有黄色和蓝色两种成份的色。在绿色中，将黄色的扩张感和蓝色的收缩感相中庸，将黄色的温暖感与蓝色的寒冷感相抵消。这样使得绿色的性格最为平和、安稳。是一种柔顺、恬静、满足、优美的色彩。

在绿色中黄的成份较多时，其性格就趋于活泼、友善，具有幼稚性。

在绿色中加入少量的黑，其性格就趋于庄重、老练、成熟。

在绿色中加入少量的白，其性格就趋于洁净、清爽、鲜嫩。

（5）紫色　紫色的明度在有彩色的色料中是最低的。紫色的低明度给人一种沉闷、神秘的感觉。

在紫色中红的成份较多时，其知觉具有压抑、威胁感。

在紫色中加入少量的黑，其感觉就趋于沉闷、伤感、恐怖。

在紫色中加入白，可使紫色沉闷的性格消失，变得优雅、娇气，并充满女性的魅力。

（6）白色　白色的色感光明，性格朴实、纯洁、快乐。白色具有圣洁的不容侵犯性。如果在白色中加入其他任何色，都会影响其纯洁性，使其性格变得含蓄。

在白色中混入少量的红，就成为淡淡的粉色，鲜嫩而充满诱惑。

在白色中混入少量的黄，则成为一种乳黄色，给人一种香腻的印象。

在白色中混入少量的蓝，给人感觉清冷、洁净。

在白色中混入少量的橙，有一种干燥的气氛。

在白色中混入少量的绿，给人一种稚嫩、柔和的感觉。

在白色中混入少量的紫，可诱导人联想到淡淡的芳香。

2.4.2　任务情境

任务：配合任务1中“孙老师平面设计培训中心”的标志、任务2中的标准字，确定其标准色。

要求：

1）考虑标志与标准字的设计造型，确定标准色。

2）结合颜色与发人感情关联，确定符合设计对象的基调颜色。

3）标准色符合企业的形象战略。

4）制作单色及多色表现。

5）制作明度规范。

2.4.3　任务分析

1．设计软件分析

标准色的确定没有特殊的软件限制，只要确定颜色的CMYK值。在客户有特殊要求时可用图片的形式表现出标准色的单色机多色表现以及明度规范等颜色规定即可。

2．标准色的开发设定

标准色的开发设计主要包括以下几个阶段。

（1）调查分析阶段　在此阶段，设计人员需要对企业现有标准色的使用情况、公众对企业现有色的认识形象、竞争企业标准色的使用情况、公众对竞争企业标准色的认识形象、企业性质与标准色的关系、市场对企业标准色期望、宗教、民族、区域习惯等忌讳色彩进行周密细致的分析。

（2）概念设定阶段　这一阶段，设计者要根据颜色与情感的关系、颜色与心理的联系来确定企业标准色需要表达的内容以及企业的形象。

（3）色彩形象阶段　通过对企业形象概念及相对应的色彩概念和关键语的设定，进一步确立相应的色彩形象表现系统。

（4）模拟测试阶段　这一阶段，设计者要测试色彩视知觉、记忆度、注目性等生理性的效果，分析评估色彩在实施制作中，技术、材质、经济等物理因素。

（5）色彩管理阶段　本阶段主要是对企业标准色的使用，作出数值化的规范，如表色符号、印刷色数值。

（6）实施监督阶段　本阶段主要是对不同材质制作的标准色进行审定、对印刷品打样进行色彩校正、对商品色彩进行评估、以及其他使用情况的资料收集与整理等。

3．设计注意事项

标准色设计尽可能单纯、明快，以最少的色彩表现最多的含义，达到精确快速地传达企业信息的目的。设计时应该注意标准色设计应体现企业的经营理念和产品的特性，选择适合于该企业形象的色彩，表现企业的生产技术性和产品的内容实质。除此之外设计还应考虑标准色应适合的消费心理。设定企业标准色，除了实施全面地展开、加强运用，以求取得视觉统合效果以外，还需要制订严格的管理办法进行管理。

2.4.4　任务实施

1．确定标准色的基本色（见图 2-38、图 2-39）

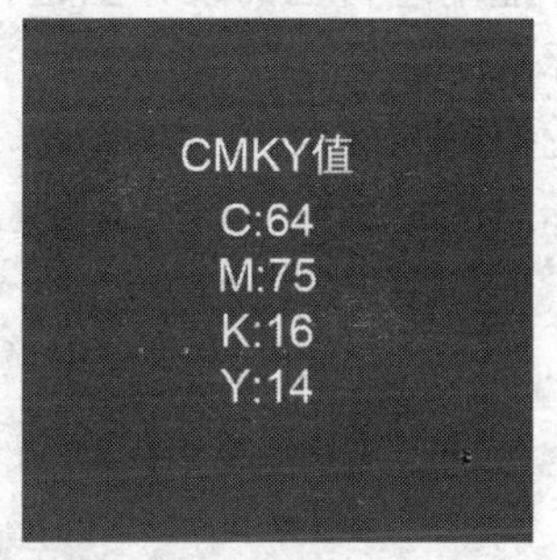

图 2-38　标准色基本色 1

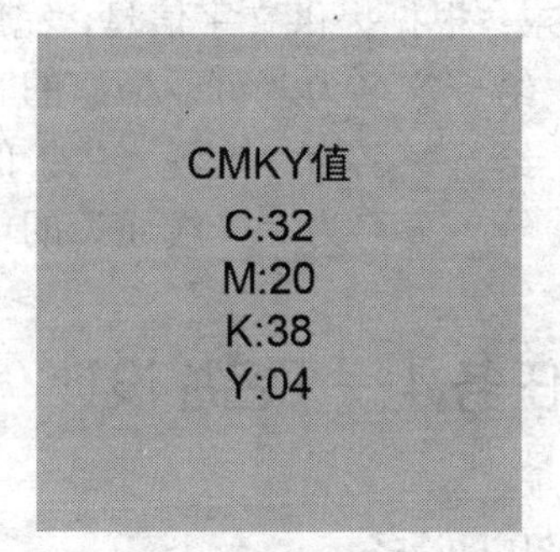

图 2-39　标准色基本色 2

2．确定单色及多色表现（见图 2-40、图 2-41、图 2-42）

图 2-40　紫色

图 2-41　灰色

图 2-42　黑色

3．确定明度规范（见图 2-43）

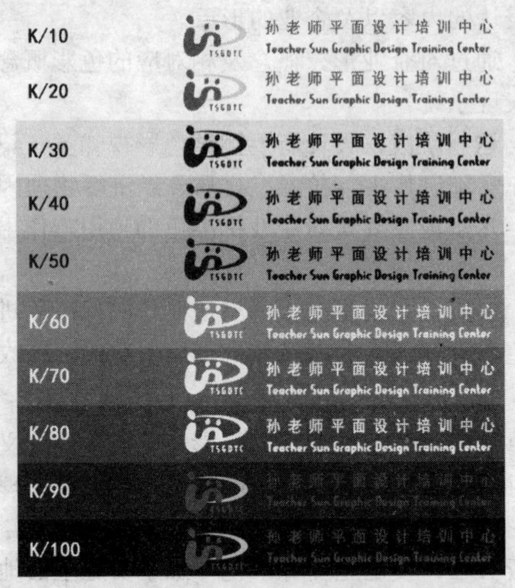

图 2-43　确定明度规范

2.4.5　任务拓展

自由设计实例练习

要求：根据提供文字信息，完成标注色的设计，并能阐述自己的设计主题和设计思路。

1）给一家名为“可爱牛”的乳品公司设计产品标准字的标准色。

2）给一家名为“浪漫一生”的婚庆公司设计企业招牌的标准色。

3）给一家名为“一线通”的电信公司设计企业标志的标准色。

2.5　任务 4——名片设计

2.5.1　知识储备

1．名片的意义

在当今时代，名片已是与人交往时必不可少的物品。当你和客户初次见面时，只需递送名片，客户一看便能够了解你和你的企业。因此小小的名片有着很重要的意义，根据名片持有人的具体情况，名片的意义大致分为以下 3 条。

（1）宣传自我　名片最主要的内容是名片持有者的姓名、职业、工作单位、联络方式（电话、E-mail）、邮政编码、单位地址等，通过这些内容把名片持有人的简明个人信息标注清楚，并以此为媒体向外传播。

（2）宣传企业　名片除标注清楚个人信息资源资料外，还要标注企业资料，如：企业名称、地址及企业的业务领域等。具有 VI 形象规划的企业名片纳入办公用品类的 VI 设计任务，这种类型的名片企业信息在显示区域中是最重要，而个人信息是次要的。在名片中同样要求企业的标志、标准色、标准字等设计组合、使其成为企业整体形象的一部分。

（3）信息时代的交流联系卡　在数字化信息时代中，每个人的生活工作学习都离不开各种类型的信息，名片以其特有的形式传递企业、人及业务等信息，在某些方面使用上很大程度地方便了我们的生活。

2．名片的分类

名片的分类比较多，按照不同的分类标准可以分为不同的类型，其中最常见的分类主要有以下几种。

（1）按名片用途分类　名片的产生主要是为了交往，人们的交往方式有两种，一种是朋友间交往、一种是工作间交往；工作间交往也可分为两种一种是商业性的、一种是非商业性的。由此，名片分为商业名片、公用名片、个人名片3种。

1）商业名片。此类名片为公司或企业进行业务活动中使用的名片，名片的使用大多以营利为目的。商业名片的主要特点为：名片常使用标志、注册商标、印有企业业务范围，大公司有统一的名片印刷格式，使用较高档纸张，名片没有私人家庭信息，主要用于商业活动。

2）公用名片。此类名片为政府或社会团体在对外交往中所使用的名片，名片的使用不是以营利为目的。公用名片的主要特点为：名片常使用标志、部分印有对外服务范围，没有统一的名片印刷格式，名片印刷力求简单适用，注重个人头衔和职称，名片内没有私人家庭信息，主要用于对外交往与服务。

3）个人名片。此类名片为朋友间交流感情，结识新朋友所使用的名片。个人名片的主要特点为：名片不使用标志、设计个性化，常印有个人照片、爱好、头衔和职业，使用名片纸张据个人喜好，名片中含有私人家庭信息，主要用于朋友交往。

（2）按名片质料和印刷方式分类　按名片质料印刷方式分类，即是按名片所使用的载体来分类。名片最普通的载体是名片纸，但名片纸不是唯一的载体，名片还可使用其他的材料来制作。名片用纸也因激光打印与胶印的印刷方式的不同而采用不同的规格。其主要可分为数码名片、胶印名片、特种名片3种。

1）数码名片。数码名片是以计算机与激光打印机制作的名片。其特点为：使用专门的计算机名片纸张，印前与印刷工作可利用计算机与打印机完成、印后需再简单加工，印刷时间短、立等可取。目前在国外多采用彩色激光打印进行输出，可根据用户需求制作各种特殊名片，制作效果好于其他名片，是目前国际最为流行的名片类型。

2）胶印名片。这类名片是用名片胶印机印刷的名片。其特点为：使用专用盒装名片纸，印刷随意性较大、质量尚可，印完装盒即可交货。但胶印名片印刷复杂，印刷工序多、交货周期长，必须专业人员进行操作。在彩色激光打印机面市前，主要都是胶印名片，现在基本上已经被数码名片所代替。

3）特种名片。特种名片主要指除纸张外的其他载体通过丝网印机印刷的名片。其特点为：使用金属、塑胶等载体，采用丝网印刷，名片档次高，印制成本也高，印刷周期长，价格高于纸质名片，多为个人名片采用，使用不普遍。名片色彩鲜艳，但分辨率却不如纸质名片。

（3）按排版方式分类　名片版面的设计不同，可做出不同风格的名片。名片纸张因能否折叠划分为普通名片和折卡名片，普通名片因印刷参照的底面不同还可分为横式名片和竖式名片。

1）横式名片：以宽边为底、窄边为高的名片版面设计。横式名片因其设计方便、排版便宜，成为目前使用最普遍的名片印刷方式，如图 2-44 所示。

2）竖式名片：以窄边为底、宽边为高的名片版面设计。竖式名片因其排版复杂，可参考的设计资料不多，适用于个性化的名片设计，如图 2-45 所示。

3）折卡名片：可折叠的名片，比正常名片多出一半的信息记录面积，如图 2-46 所示。

图 2-44　横式名片

图 2-45　竖式名片

图 2-46　折卡名片

（4）按印刷表面分类　此类分类即是按名片印刷的正面和反面来划分。每张名片都可印刷成单面，也可两面一起印刷。印刷表面的多少也是确定名片价格的一项主要因素。

1）单面印刷。单面印刷是指只印刷名片的一面。简单名片只需印刷一面就能完全表达名片的意义，目前国内绝大多数名片采用单面印刷。

2）双面印刷。双面印刷是指印刷名片的正反两面。只有当单面印刷不能完全表达名片的意义时，名片才使用双面印刷扩大信息量。

3. 名片设计尺寸

现在国内通用的标准名片主要有两大类尺寸，即普通与折卡。

普通名片的设计尺寸为：55×90mm

折卡名片的设计尺寸为：95×90mm

当然也可以设计其他规格的名片，或者不规则的异型名片（见图 2-47、图 2-48、图 2-49），只是设计这样的异型名片会为名片的印刷带来很大的困难。

图 2-47　异型名片 1

图 2-48　异型名片 2

图 2-49　异型名片 3

2.5.2　任务情境

任务：为“孙老师平面设计培训中心”的教师设计一张名片。

要求：

1）根据提供的标志及标准字，设计与标志风格统一的名片。

2）根据客户的职业特点，确定名片的风格、主题、色调。

3）名片的设计要做到构图合理、标准色搭配和谐并且醒目，起到让人过目不忘的效果。

4）设计中尽可能将现有的公司的标志造型运用到名片设计中，并且要做到与公司标志造型相融合。

2.5.3　任务分析

1．设计软件分析

目前的名片设计主要使用电脑，您也可以先用手工绘制，但终究要使用电脑进行排版、定色、定字体和字号。常用的图形图像制作软件均可用于设计名片，除此之外市面上也有专门的名片排版软件出售，同时，一些流行的办公软件也可进行名片设计。

在本任务中笔者使用的 Adobe Photoshop。

2．设计思路分析

所谓名片设计构思是指设计者在设计名片之前的整体思考。一张名片的构思主要从以下几个方面考虑：名片持有人的身份及工作性质，工作单位性质，名片持有人的个人意见及单位意见，制作的技术问题，最后是整个画面的艺术构成。名片设计的完成是以艺术构成的方式形成画面，所以名片的艺术构思就显得尤为重要。

我们做一个小小的名片设计看似简单，但要想出精品，出佳作是很不容易的。那么怎样才能设计出更好的作品呢？首先要剖析构成要素的扩展信息。把名片的持有者的个人身份、工作性质、单位性质、单位的业务行为及业务领域等做全面的分析。分析持有人的个人身份、工作性质；分析其是领导还是普通工作人员；分析其是国家公务员、教师、律师、医生、企业人士、个体工商业者，还是自由职业者等。对这些个人资料的分析，对名片设计的构图、字体的运用等方面有直接的影响。比如：名片的持有人的工作单位是政府机关，工作性质是国家公务员，个人身份是某一个主管部门的领导，这种名片设计的思路就应该主题明确，有明显的层次，色彩单纯而严肃，构图平稳而集中。从名片持有人的所在单位性质来分析，分析其是机关、事业单位，还是企业，分析企业的业务性质和业务方向以此来确定画面的构图、色彩、文案文体等。

在本任务中的名片使用者是一位教师，同时也见具有设计的工作，因此在设计时使用标志上醒目的“S”字母的形状，将其放大旋转成为整张名片的灵魂图案，同时也将名片分割成几个独立的区域，分别用于显示名片使用者的姓名、职务及个人信息。名片背面则选用标准色为背景，将白色标志放于背面，并标注培训内容，如图 2-50 所示。

3．设计注意事项

名片作为一个人、一种职业的独立媒体，在设计上要讲究其艺术性。但它同艺术作品有明显的区别，它不像其他艺术作品那样具有很高的审美价值，可以欣赏、玩味。它在大多情况下不会引起人们的专注和追求，而是便于记忆，具有更强的识别性，让人在最短的时间内获得所需要的信息。因此名片设计必须做到文字简明，字体层次分明，强调设计意识，艺术风格要新颖出奇。

名片设计的基本要求应强调 3 个字：简、准、易。

简：名片传递的主要信息要简明清楚，构图完整。

准：注意质量、功效，尽可能使传递的信息准确。

易：便于记忆，易于识别。

2.5.4 任务实施

1．效果图展示（见图 2-50）

图 2-50　任务 4 效果图

2．步骤分析

1）打开提供的标志及标准字。

2）打开 Adobe Photoshop 软件，新建文件，文件的尺寸为 90 mm×54mm，分辨率为 300 像素/英寸，如图 2-51 所示。

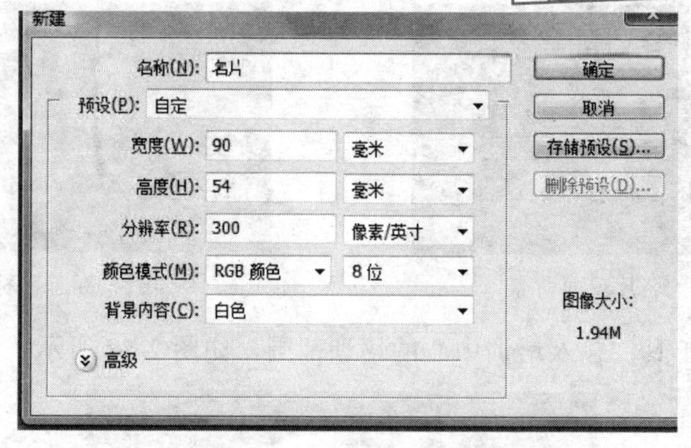

图 2-51 “新建”对话框

3）运用魔棒工具，抠选标志中的“S”型图案。

4）选中“S”型图案，按住键盘上的<Ctrl+T>键，将图案等比例放大、旋转，如图 2-52 所示。

5）将标志图案放于名片左上侧、标准字放于名片右上侧，如图 2-53 所示。

图 2-52 “S”图案在名片中的位置

图 2-53 标志、标准字在名片中的位置

6）选择文字工具，输入名片使用人的姓名、职务及基本信息，如图 2-54 所示。

7）选择图层面板，单击“创建新组”工具，创建一个图层组，并取名为“正面”，选择除背景图层的所有图层，移动至“正面”图层组中，如图 2-55 所示。

图 2-54 名片正面效果

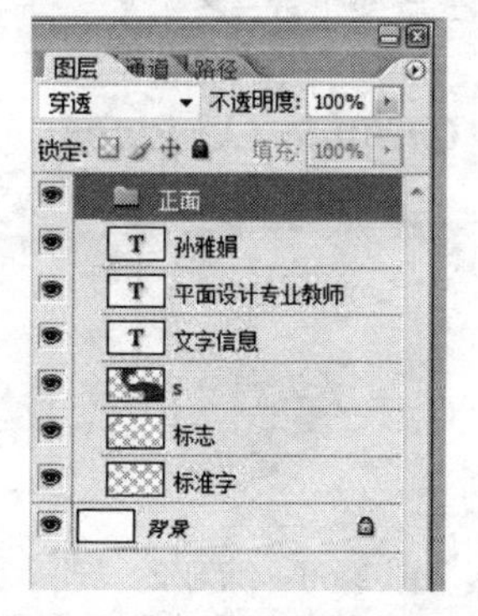

图 2-55 “图层”面板

8）再次新建一个图层组，取名为“反面”，并在其中新建图层，填充标准色紫色 C：64、M：75、Y：16、K：14，如图 2-56 所示。

9）将标志图案选中，复制于“反面”图层组中，并将其填充为白色，如图 2-57 所示。

图 2-56　名片反面背景

图 2-57　标志、标准字位置

10）选择文字工具，输入培训中心的培训范围，如图 2-58 所示。

图 2-58　名片反面效果图

2.5.5　任务拓展

1．临摹实例练习

要求：根据提供的效果图，运用 2.5.4 任务实施中介绍的工具及制作方法完成如图 2-59、图 2-60、图 2-61 所示的作品。

图 2-59　练习 1

图 2-60　练习 2

图 2-61　练习 3

2．自由设计实例练习

要求：根据提供文字信息，运用本章节中介绍的设计方法完成下列设计，并能阐述自己的设计主题和设计思路。

1）给一个名为“Sweet Candy”的食品公司设计员工所用的名片。

2）给一家名为“Time”的IT公司设计员工所用的名片。

2.6 任务5——信封、信纸设计

2.6.1 知识储备

1．信封、信纸的意义

书信在这个网络时代已不是人们唯一的联系方式，但在一些特殊的场合，特别是商务场合，书信的作用仍然是不可替代的。所以在办公事务用品类的设计中，信封及信纸的设计也是不可缺少的部分。

2．信封、信纸的分类

（1）信封分类　信封大致可分为普通信封、航空信封、国际信封、特种信封4种类型。

普通信封：由水、陆邮路寄递信函的信封。

航空信封：由航空邮路寄递信函的专用信封。

国际信封：用于寄往其他国家或地区的函件的信封。

特种信封：邮政快件、特快专递、礼仪、保价等专用的信封。

（2）信纸分类　根据用途可将信纸分为普通便签信纸和标准尺寸信纸。

3．信封、信纸的常用尺寸

（1）信封尺寸　2004年6月1日开始执行新的国家信封标准，以下为GB/T1416-2003中国国家标准信封尺寸，见表2-1。

表2-1　GB/T1416-2003中国国家标准信封尺寸

国内信封标准			国际信封标准		
代　号	长/mm	宽/mm	代　号	长/mm	宽/mm
B6号	176	125	C6号	162	114
DL号	220	110	B6号	176	125
ZL号	230	120	DL号	220	110
C5号	229	162	ZL号	230	120
C4号	324	229	C5号	229	162
			C4号	324	229

（2）信纸尺寸

1）信纸便签尺寸。便签的尺寸没有特殊的规定，可根据客户的要求规定纸张的尺寸，常见的大小为：大16开（28.5cm×21cm）

2）标准信纸尺寸。常见的信纸有以下几种标准规格，见表2-2。

表2-2　常见信纸尺寸表

开　数	长/cm	宽/cm	开　数	长/cm	宽/cm
大16开	28.5	21	正16开	26	19
大32开	21	14.5	正32开	19	13
大48开	19	10.5	正48开	17.5	9.5
大64开	14.5	10.5	正64开	13	9.5

4．信封、信纸的用纸

B6、DL、ZL 号国内信封应选用不低于 $80g/m^2$ 的 B 等信封用纸Ⅰ、Ⅱ型。C5、C4 号国内信封应选用不低于 $100g/m^2$ 的 B 等信封用纸Ⅰ、Ⅱ型。国际信封应选用不低于 $100g/m^2$ 的 A 等信封用纸Ⅰ、Ⅱ型。信封用纸的技术要按照 T2234《信封用纸》的规定，纸张反射率不得低于 38.0%。

信纸纸张的选择主要考虑实用及美观，信纸在日常生活中主要用在写信或打印上，实用性主要从可书写上考虑，所以推荐以下用纸，见表 2-3。

表 2-3　用纸类型及用纸克重对照表

类　型	克重/g/m^2
胶版纸	50，60，70，80，90，100，120
书写纸	50，60，70，80
轻涂纸	70，80，90，100，120
轻型纸	50，55，60，70，80，100，120
白卡纸	225，230，250，300

2.6.2　任务情境

任务：为“孙老师平面设计培训中心”设计一套信封、信纸。

要求：

1）根据提供的标志及标准字，设计与标志风格统一的名片。

2）设计中尽可能将现有的公司的标志造型运用到信封、信纸设计中，并且要做到与公司标志造型相融合。

3）信封、信纸的设计要做到构图合理、既留出用于书写的功能区域，又能在适当的地方将企业标识或图案融入到设计中。

4）注重设计的实用性，设计具有相应的功能。

2.6.3　任务分析

1．设计软件分析

设计信封和信纸没有指定软件要求，但考虑到设计的精准度，建议使用矢量图形软件。在本任务中笔者使用的是 CorelDRAW。

2．设计思路分析

由于信封格式的要求已经限定了图案出现的区域，因此设计信封时，只需在图案区域中将企业的标志及标准图案排列出即可。

而设计信纸时则相对设计的空间较大，常用的方法是在信纸上方标注企业的标志、标准字等，信纸下方用小字标注企业的地址、电话、网址等基本信息。而为了保证信纸的书写功能，在书写区域应尽量少出现或者不出现图案，若出现图案也多为淡化的放大的企业标志。

3．设计注意事项

设计再精美的信封如果不能寄出，也就实现不了信封的功能。所以在为企业设计信封时一定要注意以下国家标准。

（1）信封的标准格式　GB/T1416-2003 中国国家标准中对信封的格式做了具体的要求，规定了邮政编码框格颜色，航空色标，扩大了美术图案区域，增加了寄信单位的信息及“贴邮票处”、“航空”标志的英文对照词，补充了国际信封舌内的指导性文字内容。具体要求如下：

1）信封一律采用横式。国内信封的封舌应在正面的右边或上边，国际信封的封舌应在正面的上边。

2）国内信封（见图 2-62、图 2-63）。

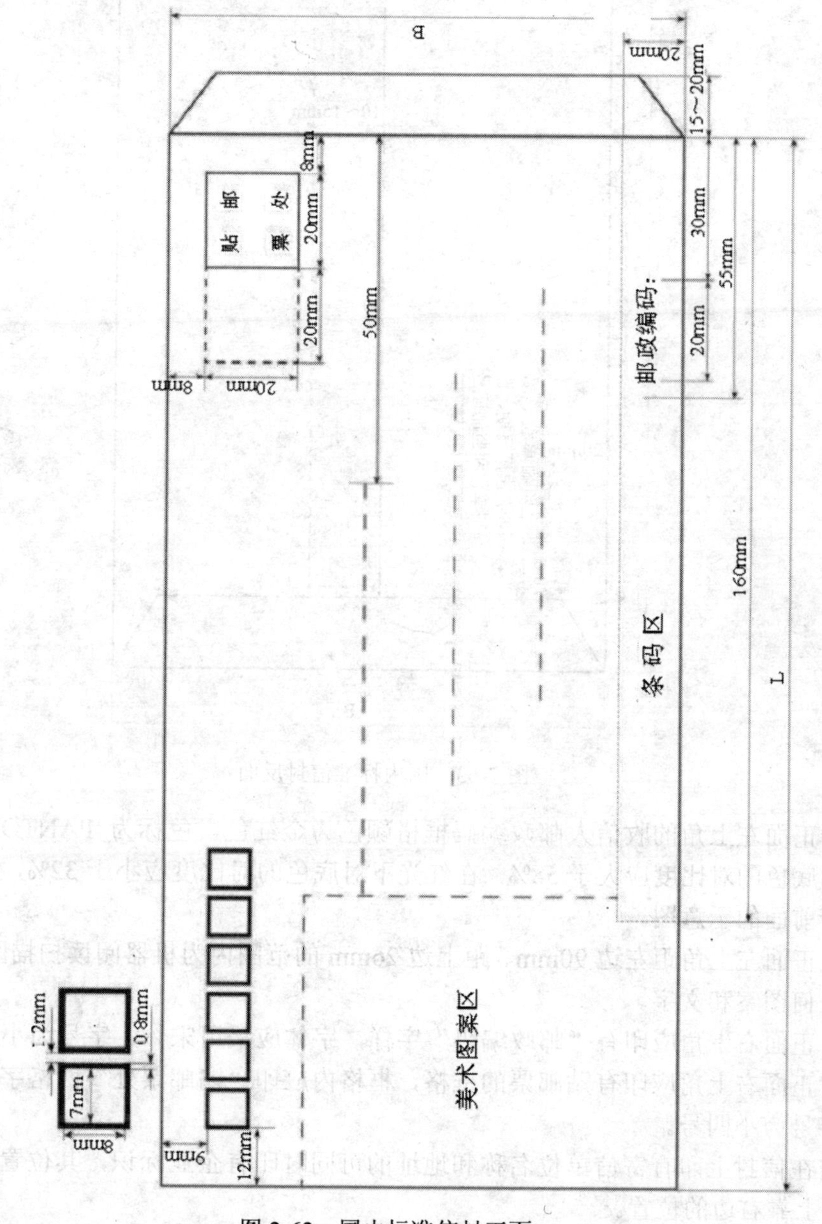

图 2-62　国内标准信封正面

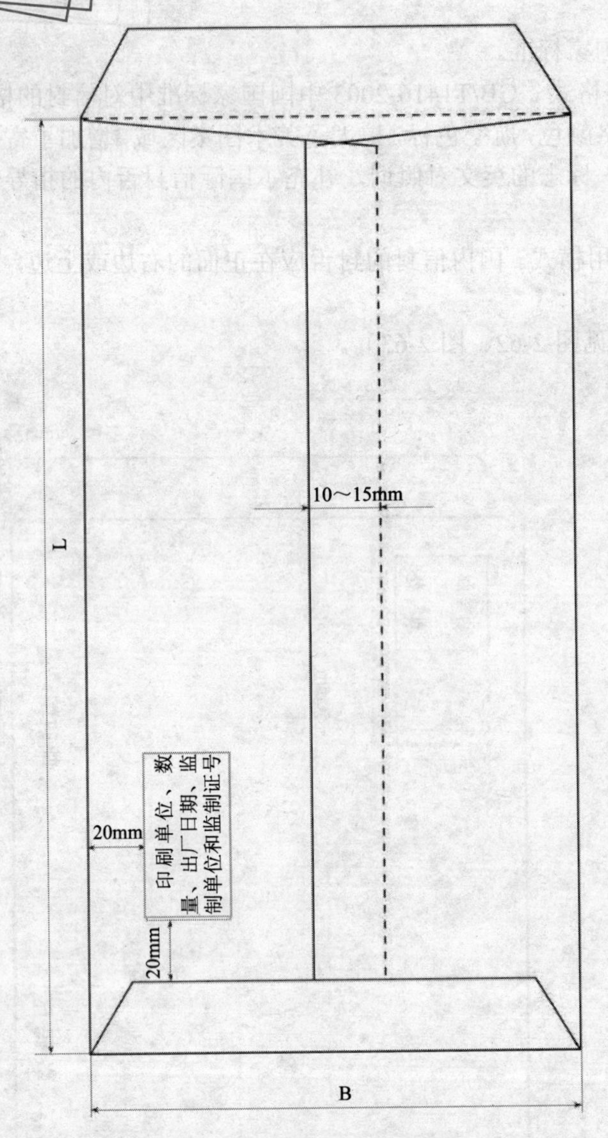

图 2-63　国内标准信封反面

信封正面左上角的收信人邮政编码框格颜色为金红色，色标为 PANTONE1795C。在绿光下对底色的对比度应大于 58%，在红光下对底色的对比度应小于 32%，其框格位置及尺寸请看前面的示意图。

信封正面左上角距左边 90mm、距上边 26mm 的范围内为机器阅读扫描区，除红框外，不得印任何图案和文字。

信封正面右下角应印有“邮政编码”字样，字体应采用宋体，字号为小四号。

信封正面右上角应印有贴邮票的框格，框格内应印“贴邮票处”四格字，字体应采用宋体，字号为小四号。

凡需在信封上印有寄信单位名称和地址的可同时印有企业标识，其位置必须在距底边 20mm 以上靠右边的位置。

信封正面距右边 55mm～160mm，距底边 20mm 以下的区域为条码打印区，此区应保持空白。

信封背面的右下角，应印有印制单位、数量、出厂日期、监制单位和监制证号等内容，也可印上印制单位的电话号码。字体应采用宋体，字号为五号以下。

信封的任何地方不得印广告。

国内信封 B6、DL、ZL 的正面可印有书写线。

信封上可印美术图案，其位置在信封正面距上边 26mm 以下的左边区域，占用面积不得超过正面面积的 18%，超出美术图案区的区域应保持信封用纸原色。

信封的框格、文字等印刷应完整准确，墨色应均匀、清晰、无缺笔断线。

3）国际信封（见图 2-64、图 2-65）。

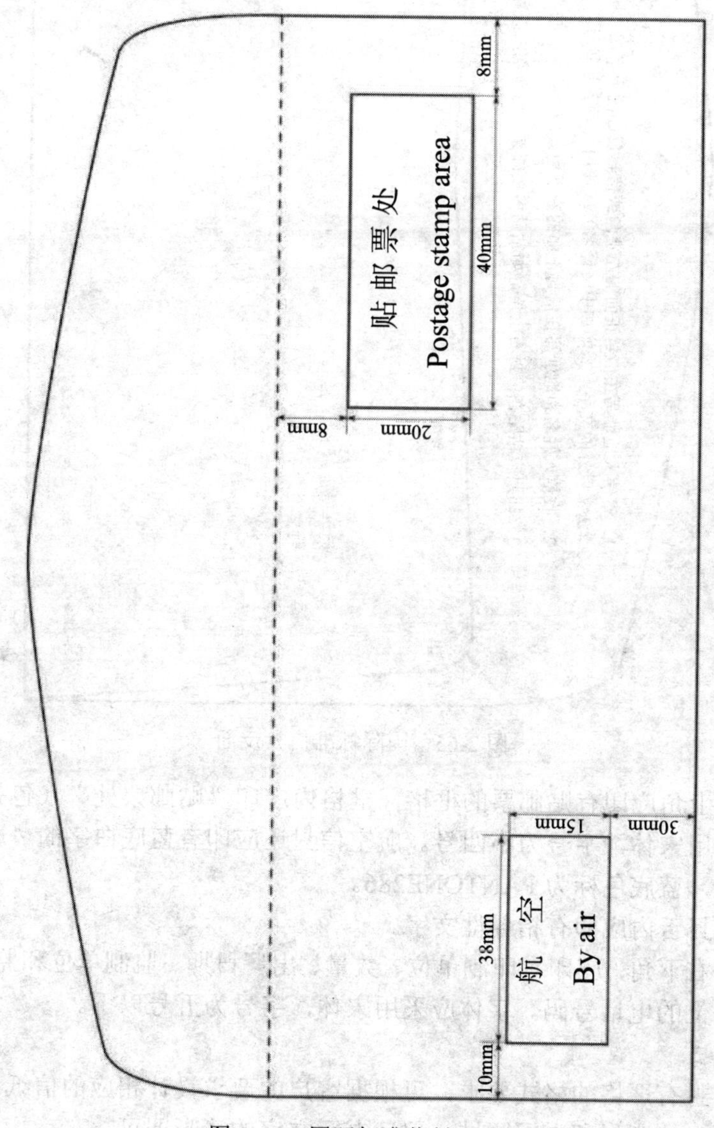

图 2-64　国际标准信封正面

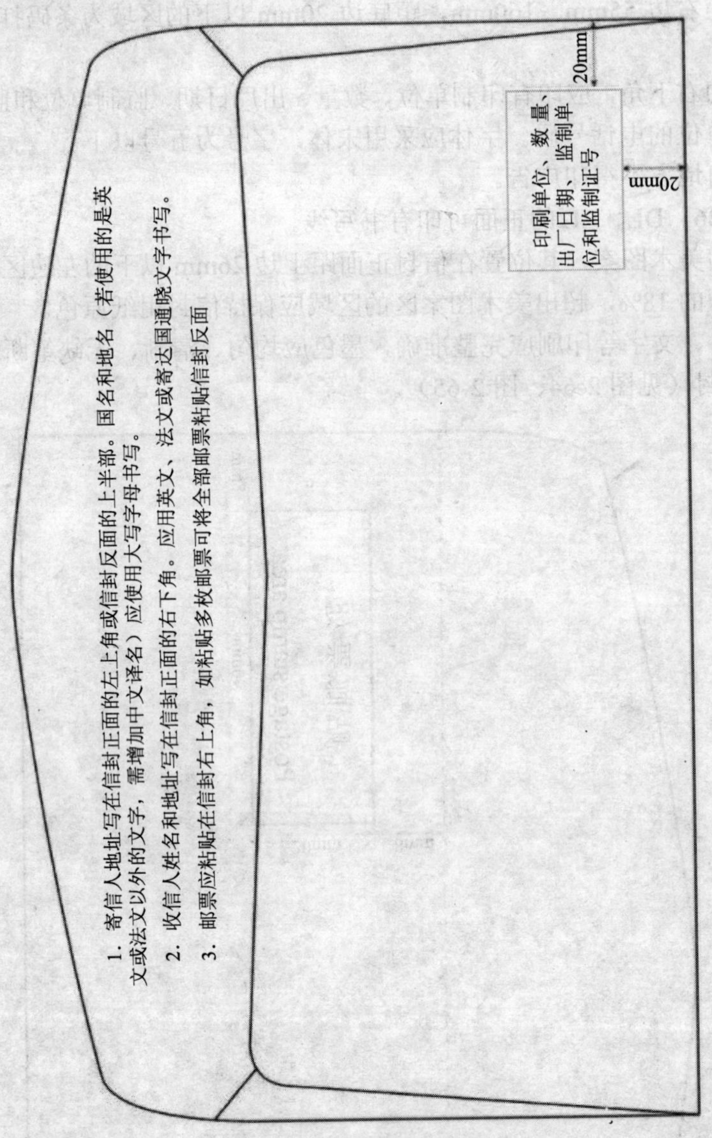

图 2-65　国际标准信封反面

信封正面右上角应印有贴邮票的框格，框格内应印"贴邮票处"（包括英文对照词）字样，字体应采用宋体，字号为小四号。航空信封还应印有蓝底白字的"航空"（包括英文对照词）标志，蓝底色标为 PANTONE286。

信封背面的封舌内应印有指导性文字。

信封背面的右下角，应印有印制单位、数量、出厂日期、监制单位和监制证号等内容，也可印上印制单位的电话号码。字体应采用宋体，字号为五号以下。

（2）信纸格式

信纸不像信封有严格的格式要求，可根据客户的要求设计相应的信纸。设计时以简洁清爽为主要风格，注意保留书写区域，保证书写文字的清晰即可。

2.6.4 任务实施

1. 效果图展示（见图 2-66）

图 2-66 任务 5 效果图

2. 信封制作步骤分析

在次任务中只介绍一种国内 DL 号信封（220 mm×110mm）的展开图的制作方法，其他类型信封的制作方法与之类似，这里就不赘述了。

1)打开 CorelDRAW，新建文件，文件大小最好大于信封展开的大小，这里设置为 300mm×300mm，如图 2-67 所示。

2）运用矩形工具，绘制一个矩形，将其长高设置为 220mm×110mm，如图 2-68 所示。

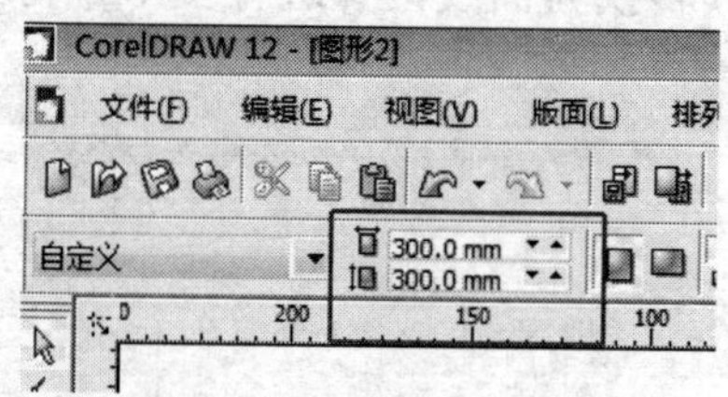

图 2-67 设置文件尺寸

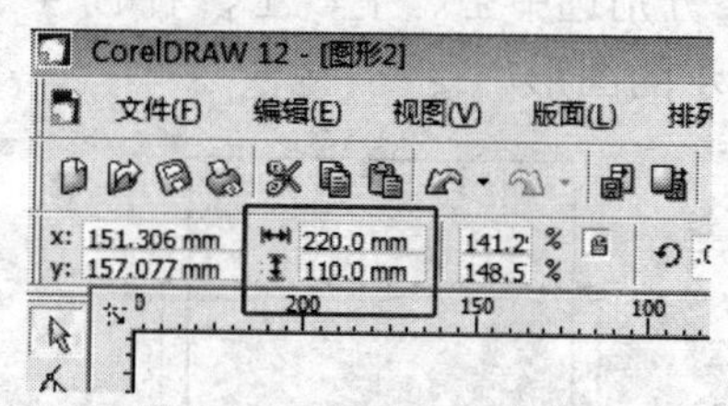

图 2-68 设置矩形尺寸

3）在矩形选中的情况下，按住<Alt+F7>，打开变换泊坞窗，将属性值设置为如图 2-69 所示的情况，将矩形翻转复制，如图 2-70 所示。

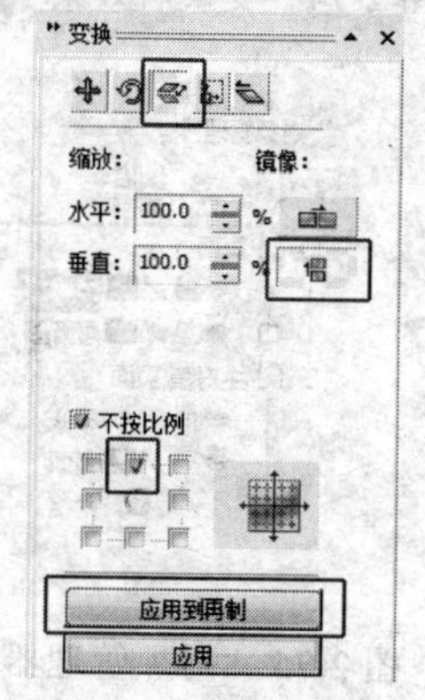

图 2-69 “变换”面板

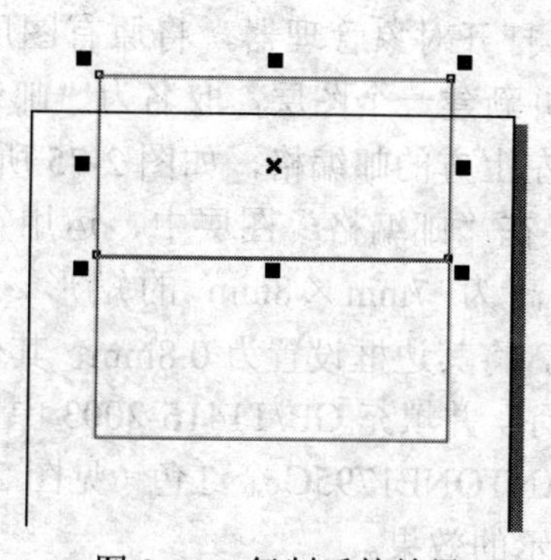

图 2-70 复制后的效果

4）接着将变换泊坞窗设置为如图 2-71 所示的数值，将复制的矩形缩短，得到如图 2-72 所示的效果。

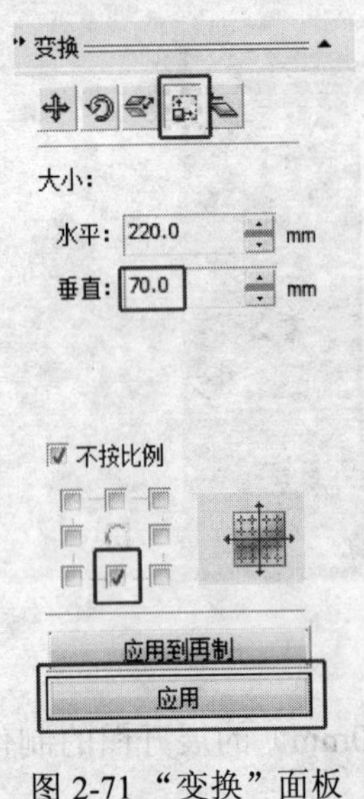

图 2-71 “变换”面板

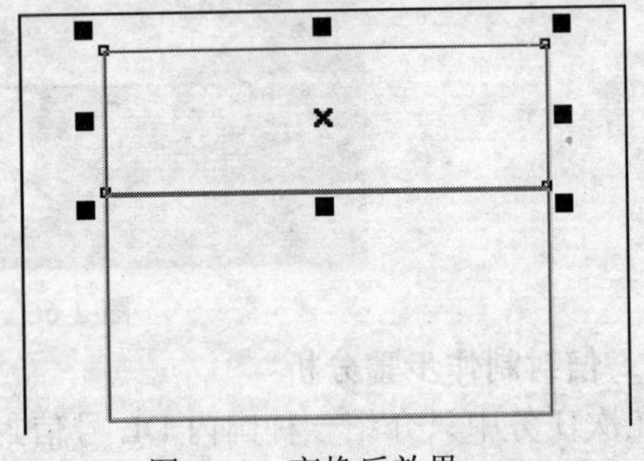

图 2-72　变换后效果

5）运用同样的方法将矩形不断地复制、缩放，绘制出信封的展开图（左右信舌宽度为 15mm），如图 2-73 所示。

6）分别选中上、下、左、右的 4 个矩形，将其转换为曲线，并进行变形，得到如图 2-74 所示的图形。

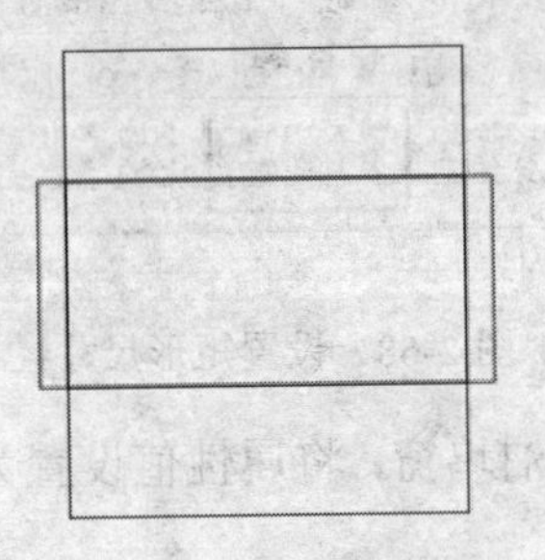

图 2-73　复制后效果

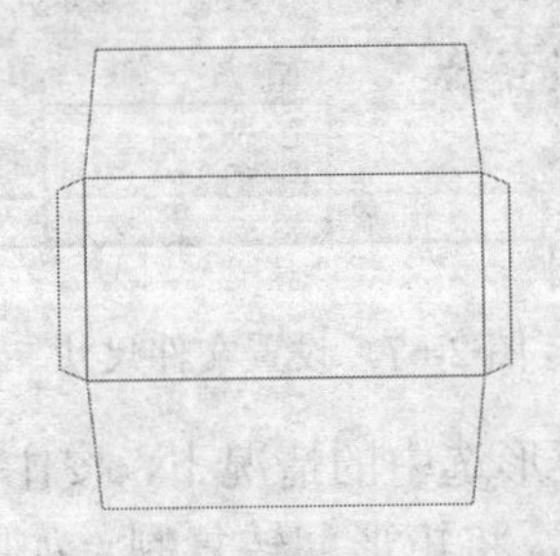

图 2-74　变换后效果

7）打开对象管理器，将原有图层改名为“展开图”，并新建一个图层，取名为“邮编格”，用于绘制信封左上方的邮编格，如图 2-75 所示。

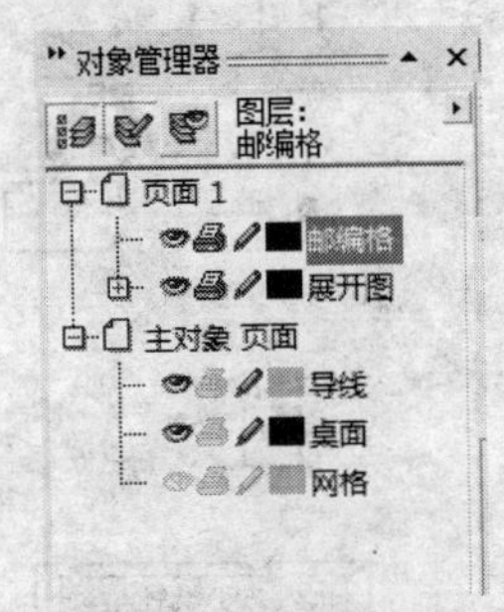

图 2-75 “对象管理器”面板

8）在“邮编格”图层中，运用矩形工具绘制一个长×高为 7mm×8mm 的矩形，运用“轮廓工具”，将其边框设置为 0.8mm，其他轮廓设置如图 2-76 所示，并填充 GB/T1416-2003 中国国家标准中规定的 PANTONE1795C 金红色（见图 2-77），得到如图 2-78 所示的效果。

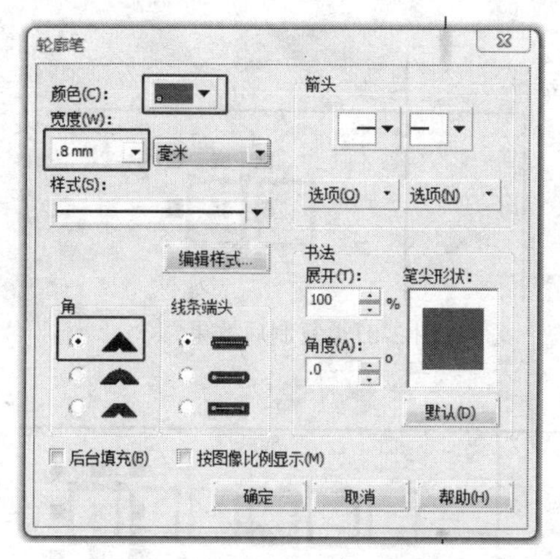

图 2-76 “轮廓笔”对话框

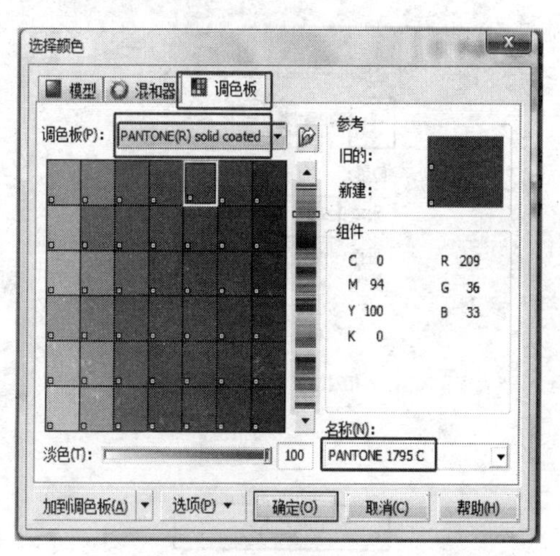

图 2-77 “选择颜色”对话框

图 2-78 “邮编格”效果图

9）同时选中红色矩形框及“展开图”图层中的信封正面的矩形，将其左上角对齐，如图 2-79 所示，并通过变换泊坞窗，设置如图 2-80 所示，将其向下移动 9mm、向右移动 12mm，得到如图 2-81 所示的效果。

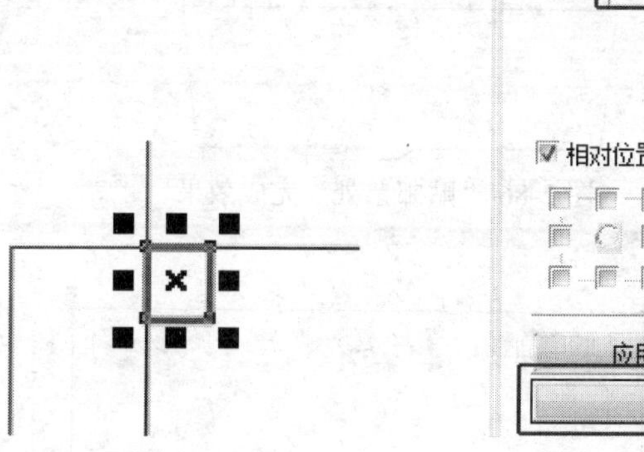

图 2-79 对齐效果

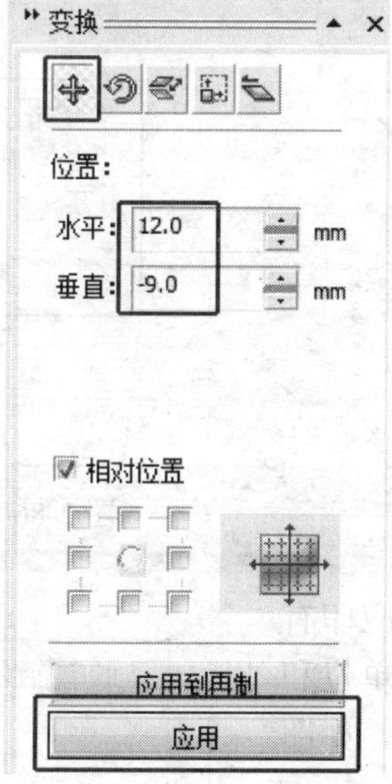

图 2-80 “变换”对话框

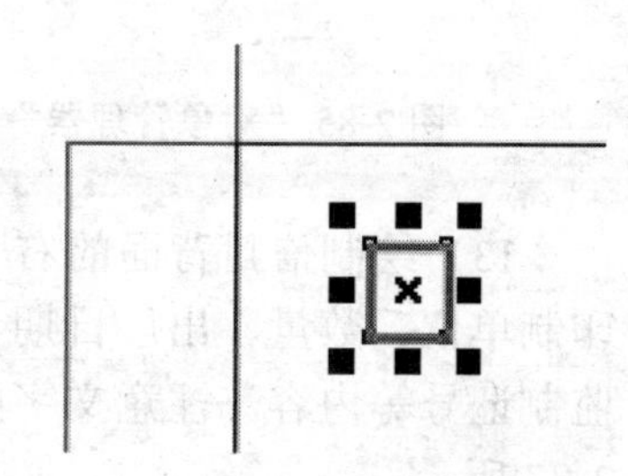

图 2-81 移动后效果

10）通过变换泊坞窗（见图 2-82 所示），将红色矩形框复制向右移动 9mm，得到如图 2-83 所示的效果。

11）运用步骤 9 中的方法、将红色矩形不断复制及移动，最终绘制出邮编框，如图 2-84 所示。

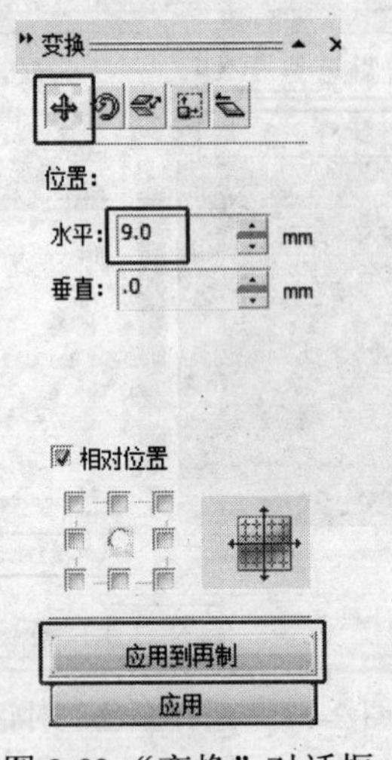

图 2-82 “变换”对话框

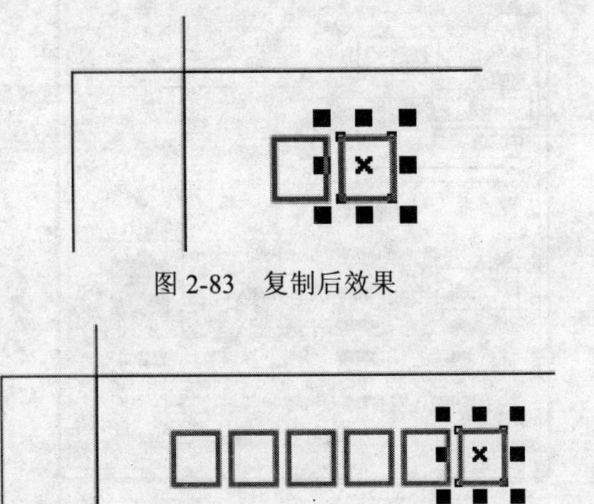

图 2-83　复制后效果

图 2-84 “邮编格”完成效果

12)运用步骤 2 至步骤 10 的方法,在对象管理器中新建一个名为“贴邮票处”的图层,如图 2-85 所示,绘制信封右上角的“贴邮票处”,如图 2-86 所示。

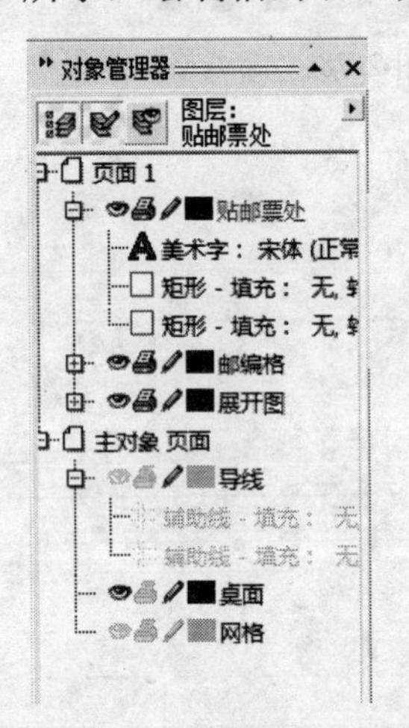

图 2-85 “对象管理器”面板

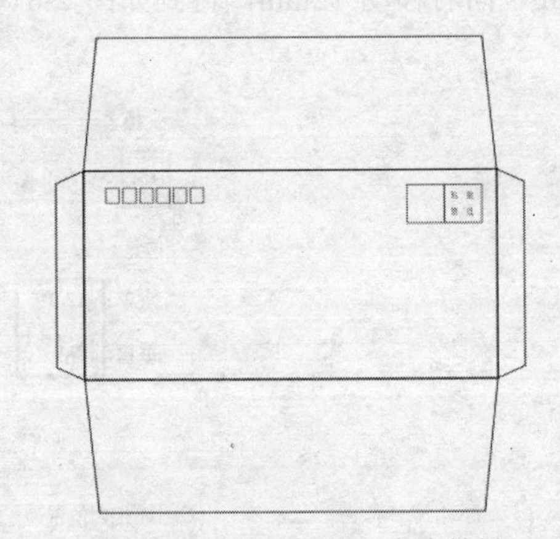

图 2-86 “贴邮票处”完成效果

13）绘制信封背面的右下角，应印有印制单位、数量、出厂日期、监制单位和监制证号等内容。注意文字的方向，如图 2-87 所示。

14）在信封的左下角，绘制企业标志图案，选取“S”形图案，将其变形复制，得到如图 2-88 所示的效果。

15)将“S”变形图案放置在信封正面的“美术图案区”内，如图 2-89 所示。

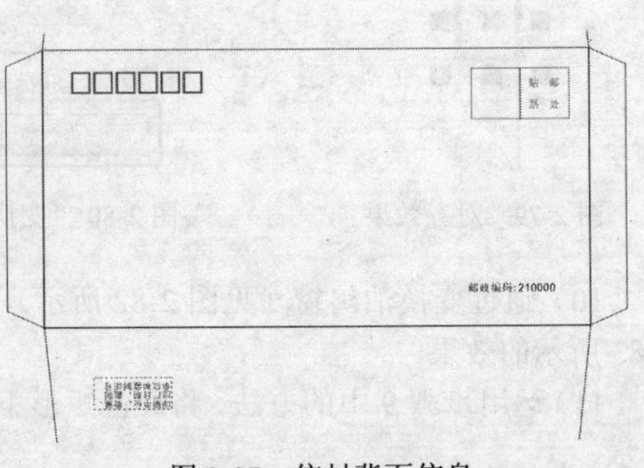

图 2-87　信封背面信息

图 2-88 “S”图案变换效果

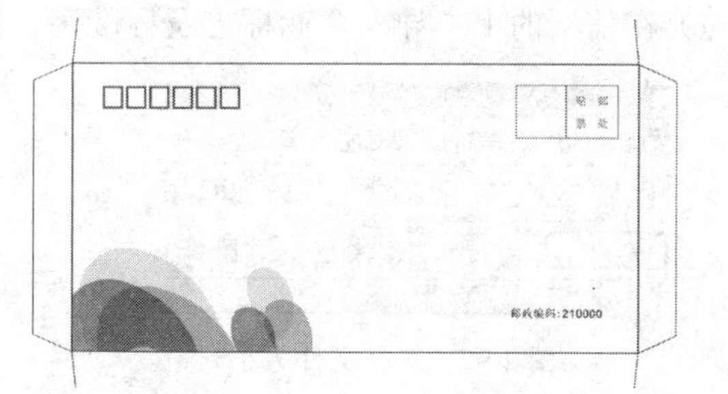

图 2-89 加入“S”图案的信封

16)在图案的上方导入企业的标志图案，如图 2-90 所示。

17）最后在信封正面的右下角，邮政编码的上方，导入企业的标准字，并用文字工具输入企业的地址及联系电话，如图 2-91 所示。

图 2-90 加入标志

图 2-91 信封完成效果图

3. 信纸制作步骤分析

一般情况下，企业信纸的设计与信封风格一致，只是在大小尺寸及设计元素的位置上有所变化，所以较信封设计而言，信纸的设计相对简单。在本任务中就以 A4 大小的信纸便签为例讲解信纸设计。

1）打开 CorelDRAW，新建文件，文件大小一般情况均默认为 A4 大小，如图 2-92 所示。

2）在信纸的上方导入企业标志及标准字，如图 2-93 所示排列。

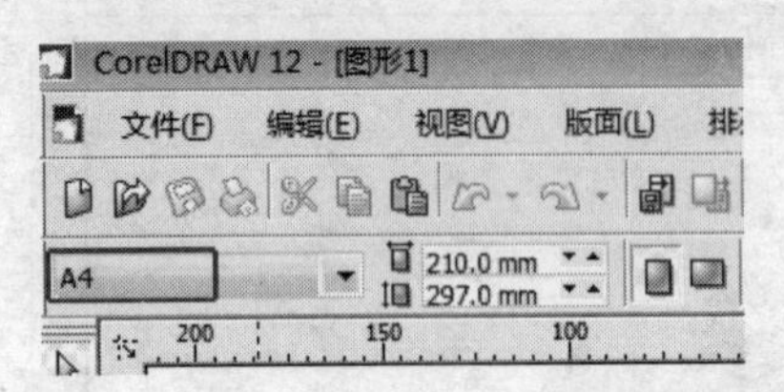

图 2-92　选择文件大小

图 2-93　标志、标准字位置

3）在信纸的下方导入信封设计中的“S”字母变形图案，如图 2-94 所示。

4）信纸右下角输入企业的地址、电话等企业信息，如图 2-95 所示。

图 2-94　加入“S”图案

图 2-95　加入相关信息

2.6.5　任务拓展

自由设计实例练习

要求：根据 2.2.5 任务拓展中自由设计实例练习中设计的标志及标准字，运用本章节中介绍的知识设计相应的信封、信纸。

1）为标志图案为天鹅图案一家珠宝公司设计企业信封、信纸。

2）给一家名为“七彩童年”的儿童早教公司设计企业信封、信纸。

2.7　任务 6——文件夹设计

2.7.1　知识储备

1. 文件夹的意义

企业日常办公中会产生大量的文件，众多的文件管理起来十分麻烦，因此需要用到各种类型的文件夹。虽然在如今这个信息时代，许多的文件都以电子稿的形式存储于计算机中，管理文件的软件也层出不穷，但在一些特殊场合如企业向客户介绍产品、与客户签约的场合，文件必须以纸质文件的形式出现，这时文件夹就是必不可少的了。一个设计精美且具有企业特点的文件夹，能让客户在接触文件的第一时间感受到企业的文化、企业的特点甚至企业的经营理念。因此在办公事务用品类的设计中，文件夹设计也尤为重要。

2．文件夹的分类

文件夹种类众多，大致可分为强力夹（见图 2-96）、孔夹（见图 2-97）、抽杆夹（见图 2-98）、文件盒（见图 2-99）、风琴包（见图 2-100）、档案袋（见图 2-101）等。

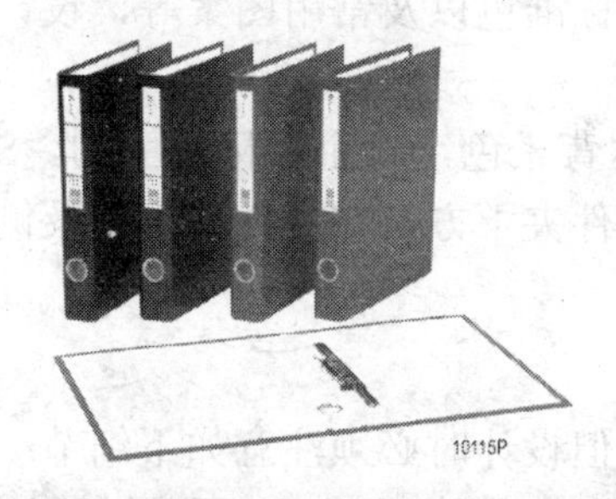

图 2-96　强力夹

图 2-97　孔夹

图 2-98　抽杆夹

图 2-99　文件盒

图 2-100　风琴包

图 2-101　档案袋

2.7.2　任务情境

任务：为“孙老师平面设计培训中心”设计一个文件夹。

要求：

1）根据提供的标志及标准字，设计与标志风格统一的文件夹。

2）文件夹的设计要做到构图合理、标准色搭配和谐并且醒目，又兼顾文件的实际功用。

3）设计中尽可能将现有的公司的标志造型运用到文件夹设计中，并且要做到与公司标志造型要相融合。

2.7.3 任务分析

1．软件分析

文件夹的设计用一般的制图软件均可实现，本任务中使用的是 Adobe Photoshop 软件。

2．设计思路分析

设计文件夹时一般采用的设计元素有企业标志、标准色以及常用图案等，设计不需要太华丽、以简洁为主要风格。

本任务中设计主要以企业标准色——紫色为基本背景色，将企业标志中的“S”形图案，进行变形、旋转、重叠形成底纹图案，放置于文件夹下方，在文件夹正面及侧面分别加上企业的标志、标准字及标签区域即可。

3．设计注意事项

文件夹的设计相对于其他任务的设计比较简单，但设计时必须注意如下细节：

（1）文件夹设计尺寸　文件夹没有一定的尺寸，一般情况下办公采用纸张多为 A4 大小，因此设计是文件夹的正面尺寸应该略大于 A4（210mm×297mm），本任务中的设计尺寸为 52cm×32cm（正面+背面+侧面），如图 2-102 所示效果。如果企业有特殊要求，则按实际情况设定尺寸。

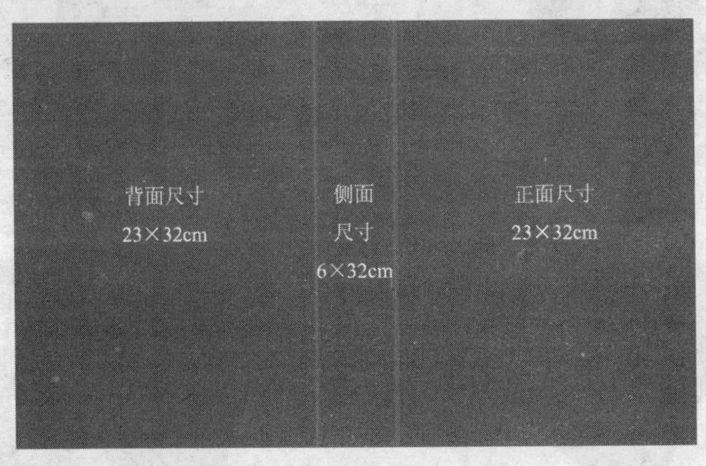

图 2-102　本任务设计尺寸

（2）文件夹侧面设计　初次设计文件时，很多人常常只注重文件夹正面的设计，而忘记文件的侧面。其实在实际使用中文件夹的侧面十分重要，因为众多的文件夹在一起排列时，真正露在外面的，恰恰是文件的侧面，在人们检索文件夹时，常常依据的也是文件夹侧面的标注。所以侧面设计尤为重要，不可忽视。

（3）文件夹标签设计　人们在使用文件夹时，在存放不同文件时常常将文件夹标上不同的标注，因此在设计文件夹时最好在正面和侧面分别留出用于标注的标签区域。

2.7.4 任务实施

1．效果图展示（见图 2-103）

图 2-103　任务 6 效果图

2．步骤分析

1）打开 Adobe Photoshop 软件，新建文件，长×高为 52cm×32cm，分辨率为 300 像素/英寸，如图 2-104 所示。

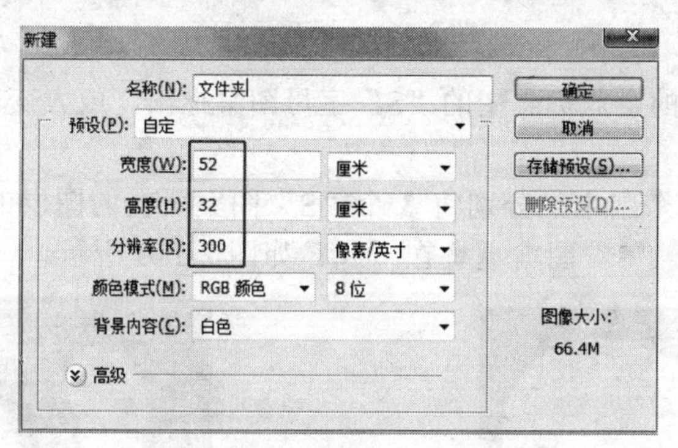

图 2-104 “新建”对话框

2）新建垂直与画面的两条参考线，位置分别位于 23cm 和 29cm，如图 2-105、图 2-106 所示。

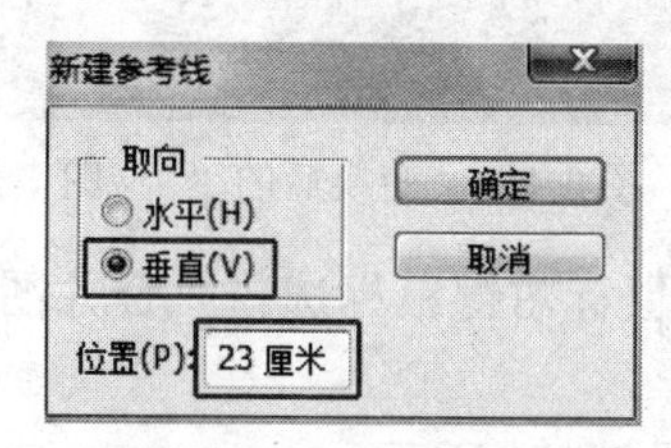

图 2-105　新建参考线 1

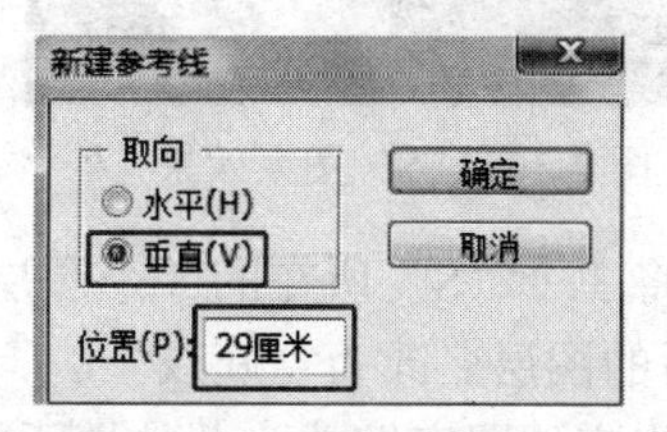

图 2-106　新建参考线 2

3）双击工具箱中的前景色，打开“拾色器”，将前景色设置为 C: 64、M: 75、Y: 16、K: 14。

4）在图层控制面板中选择“背景”图层，按住<Alt + Backspace>组合键，将其填充为步骤 3 中设置的紫色。

5）将前景色设置为白色，选择“直线”工具，并在其属性栏中选择“填充像素”，将线条粗细设置为 1px，如图 2-107 所示，按住<Shift>键的同时绘制出两条与步骤 2 中设置的参考线重合的白色线条，如图 2-108 所示。

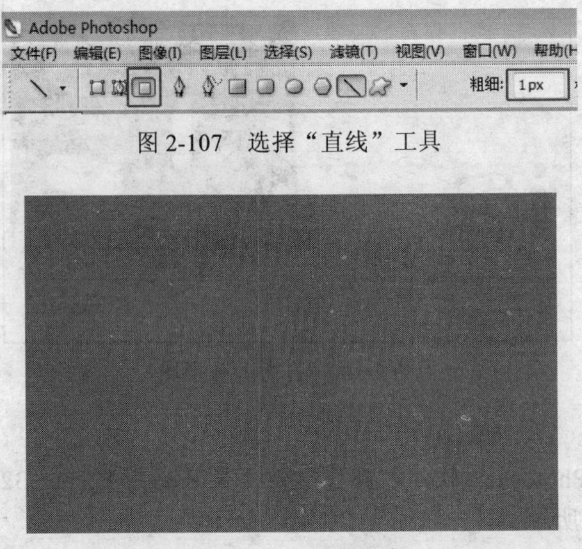

图 2-107　选择“直线”工具

图 2-108　填充背景色

6）将任务中提供的企业标志中的“S”字母图案抠出，放大变形并填充为白色，如图 2-109 所示。

7）将其复制出两个副本，分别将 3 个“S”图案所在的图层的不透明度改为 30%、50%、60%，并将 3 个“S”图案重叠在一起，如图 2-110 所示。

图 2-109 “S”图案效果

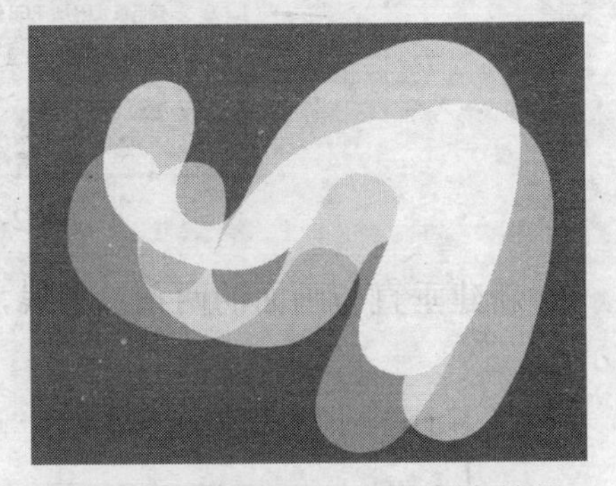

图 2-110　变换后的“S”图案效果

8）将 3 个“S”所在的 3 个图层同时选中，单击鼠标右键鼠标选择“合并图层”，并将合并后的图层名改为“底纹”。

9）将底纹图案缩放，并放置于文件右下方，如图 2-111 所示。

10）按住<Ctrl>键的同时点击“底纹”图层，选中“S”底纹图案，选择移动工具，按住<Alt + Shift>组合键的同时将“S”图案向左平移，得到如下图案，如图 2-112 所示。

图 2-111 “S”图案位置

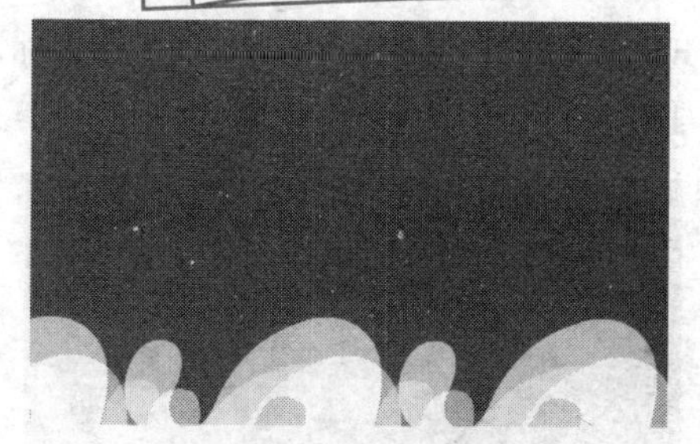

图 2-112 复制“S”图案

11）将提供的企业标志图案、企业标准字选中，复制到文件中，将其选中并填充为白色，放置在如图 2-113 所示的位置。

12）新建图层，取名为“标签”，选择圆角矩形工具，在其属性栏中选择“填充像素”，并将半径设置为 60px，前景色设置为白色，在画面中拖出白色圆角矩形，如图 2-114、图 2-115 所示。

图 2-113 标志、标准字位置

图 2-114 “标签”框位置

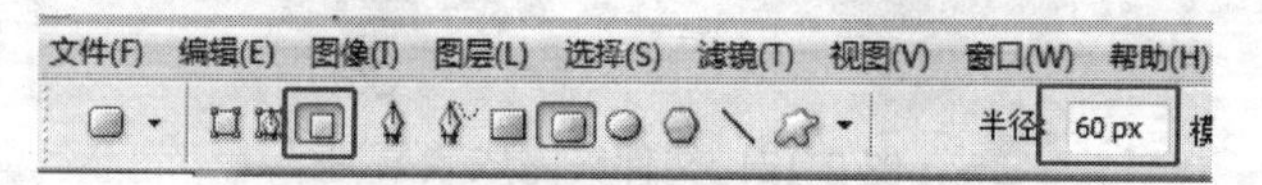

图 2-115 “圆角矩形”工具设置

13）运用魔棒工具，将白色圆角矩形选中，打开菜单“选择”→“修改”→“收缩”，将选区向内收缩 5 像素，如图 2-116 所示。

14）打开菜单“编辑”→“描边”，将描边宽度设置为 2px，描边颜色设置为背景中的紫色，方向设置为“内部”，如图 2-117、图 2-118 所示。

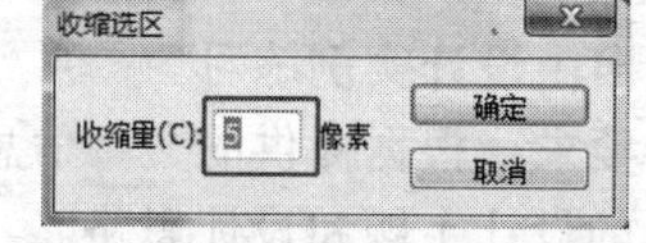

图 2-116 “收缩选区”对话框

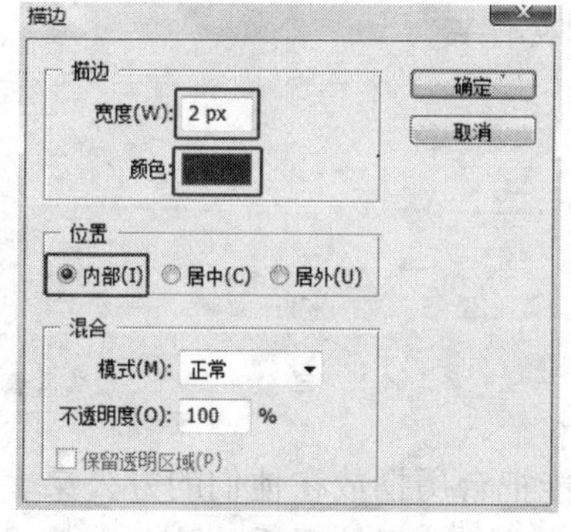

图 2-117 “描边”对话框

图 2-118 描边后效果

15）按照步骤 11 的方法，将企业标志放置于文件夹侧面，位置如图 2-119 所示。

16）按照步骤 12 至步骤 14 的方法，绘制文件夹侧面的便签，如图 2-120 所示。

图 2-119　侧面标志位置

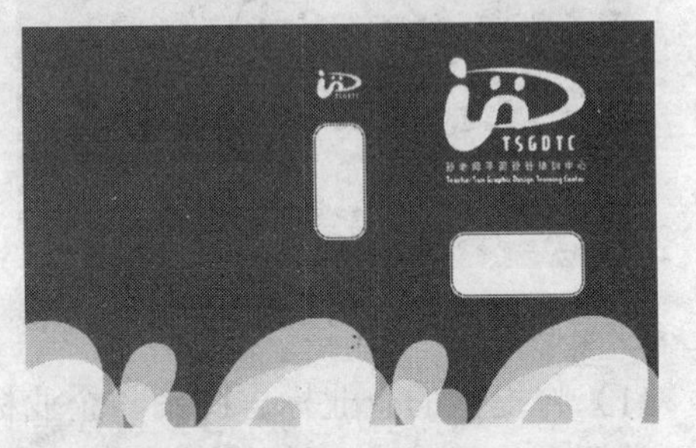

图 2-120　侧面“标签框”位置

17）选择椭圆选框工具，在文件夹侧面的下方绘制一圆形并填充白色，用来表示镂空区域，如图 2-121 所示。

图 2-121 文件夹完成效果图

2.7.5　任务拓展

自由设计实例练习

要求：根据提供的文字信息，运用本章节中介绍的设计方法完成下列设计，并能阐述自己的设计主题和设计思路。

1）给一家外资银行设计公司专用文件夹。

2）给一家名为“速达”快递公司设计公司专用文件夹。

2.8　任务 7——日历设计

2.8.1　知识储备

1. 日历的意义

现在日历主要用于企业馈赠，其目的是让用户能把台历摆放在他们的办公桌上或者显眼的地方，让用户随时看到馈赠企业的名称，以加深印象、保持联系。除此之外日历常常带有记事功能和备忘录功能，可以在某些特殊的日子上做记号，也可将需要解决的事情标注于日历上，是办公的好助手。

2. 日历的分类

日历按照摆放的形式可以分为挂历和台历。

日历按照每页显示的日期数又可分为周历、月历、双月历。

2.8.2 任务情境

任务：为“孙老师平面设计培训中心”设计一个台历。

要求：

1）根据提供的标志及标准字，设计与标志风格统一的台历。

2）台历以月历的形式出现，每页显示一个月的日期。

3）台历设计清晰简洁、最好附带备忘录功能。

4）设计中尽可能将现有的公司的标志造型运用到名片设计中，并且要做到与公司标志造型相融合。

2.8.3 任务分析

1. 软件分析

设计台历时可根据设计要求选用不同的设计软件，如表格较多的情况可使用CorelDRAW，图像处理较多的情况一般使用 Adobe Photoshop。

本任务中使用的是 Adobe Photoshop。

2. 设计思路分析

台历设计时除了在每张页面中插入企业标志、标准色、常用图案及日期之外，常常还会出现一些其他的设计元素。

（1）企业生产的产品　一些企业的专用日历上每页会介绍一种企业的产品，在受赠用户翻看日历的同时，就可以了解到企业的不同产品。

（2）企业的实景照片　在日历上放置企业实景照片也是一种向用户介绍企业文化的好方法，这种方法可以让用户直观地了解到企业的实际运作情况、企业的实力、企业的文化氛围、企业员工的精神面貌等。

（3）常识知识　一些常识知识也常常被搬上企业的日历，这是一种实用的设计。

除了以上提到的这些设计元素，日历中还可以出现假期、阴历日期、节气的特殊标记。

本任务中日历的封面设计与上一个任务文件夹设计的设计思路类似，以标准色中的紫色为背景加以白色的企业标志、“S”字母型白色底纹、及白色“2009”文字，构成了简洁明了的画面。而日历内页的设计依然是简洁的设计风格，以白色为背景，“S”字母型紫色底纹，上方由企业标志、标准字、年月数字构成，中间日历的区域以紫色边框的表格将日期呈现出来，日期的文字由标准色中的紫色和灰色组成，每个日期小格中还留有大部分空白区域，用于记录备忘录。

3. 设计注意事项

设计一个既美观又实用的企业台历需要注意很多细节问题，如：

（1）留出打孔区域　一般台历大多留有打孔区域，用于穿插连接页面的铁环或铁夹，因此在设计台历时必须先构思好台历用于打孔的区域，如本任务中台历的打孔区在上方，因此无论是封面还是内页设计时，都需注意不可以将主要的设计元素放置于此区域中。

（2）预留备忘区域　设计台历时应根据客户的要求，在适当的位置留出备忘区域，可以像任务中将备忘区域设计于每个日期小格中，也可单独留出独立的区域用于记录备忘。

2.8.4　任务实施

1. 效果图展示（见图 2-122）

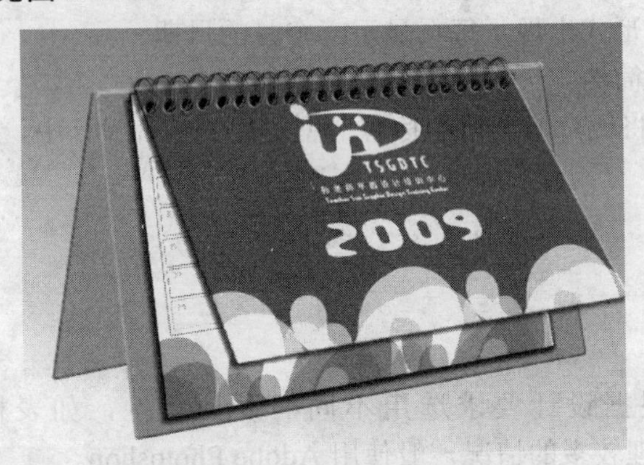

图 2-122　任务 7 效果图

2. 台历封面制作步骤分析

1）打开 Adobe Photoshop 软件，新建文件 207mm×145mm，分辨率为 300 像素/英寸，如图 2-123 所示。

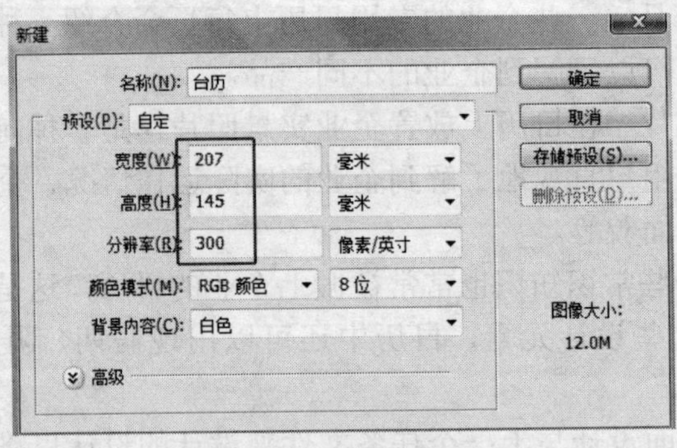

图 2-123 “新建”对话框

2）将前景色设置为企业标准色紫色 C：64、M：75、Y：16、K：14，填充背景图层，如图 2-124 所示。

3）运用任务 6 文件夹设计中步骤 6～步骤 10 的方法，绘制白色“S”型底纹，放置于页面下方，如图 2-125 所示。

图 2-124　填充背景色

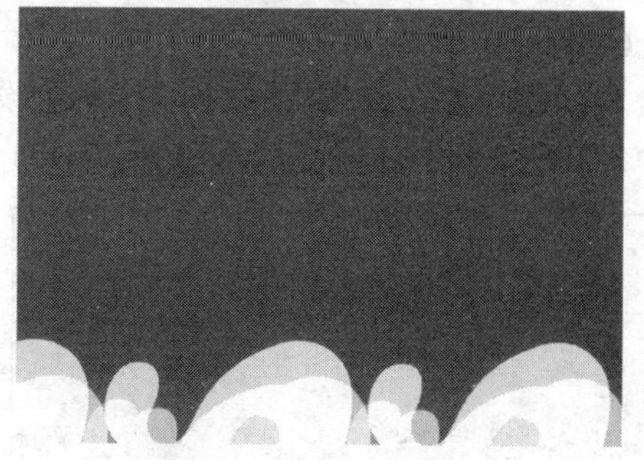

图 2-125　加入“S”图案

4）打开企业标志，并复制于页面中，将其选中填充为白色，并放置于如图位置，如图 2-126 所示。

5）运用文字工具，在如图位置输入“2009”，并设置为“Balcony Angels”字体，如图 2-127 所示。

图 2-126　标志、标准字位置

图 2-127　输入“2009”

3．台历内页制作步骤分析

1）打开 Adobe Photoshop 软件，新建文件 207mm×145mm，分辨率为 120 像素/英寸。

2）将前景色设置为白色，填充背景图层；

3）运用任务 6 文件夹设计中步骤 6～步骤 10 的方法，绘制紫色“S”型底纹，放置于页面下方，如图 2-128 所示。

4）打开企业标志及标准字、将其复制于页面如图 2-129 所示的位置。

图 2-128　加入“S”图案

图 2-129　加入标志、标准字

5）运用文字工具，在如图位置输入“2009.3”，并设置为“Balcony Angels”字体，如图 2-130 所示。

6）新建图层，取名为“日期背景”。选择圆角矩形工具，在其属性栏中选择“填充像素”，并将半径设置为 5px，前景色设置为白色，在画面中拖出白色圆角矩形，并将其选中，描上 2px 的紫色边框，如图 2-131 所示。

图 2-130　输入年月

图 2-131　输入大日期框

7）新建图层，取名为“日期小格”，运用步骤 6 的方法，绘制一个白色紫边的小圆角矩形，如图 2-132 所示。

8）将“日期小格”复制 6 个副本，将“日期小格”及其 6 个副本同时选中，点击属性栏中的“顶对齐”、“水平居中分布”，将 7 个图层合并，如图 2-133、图 2-134 所示。

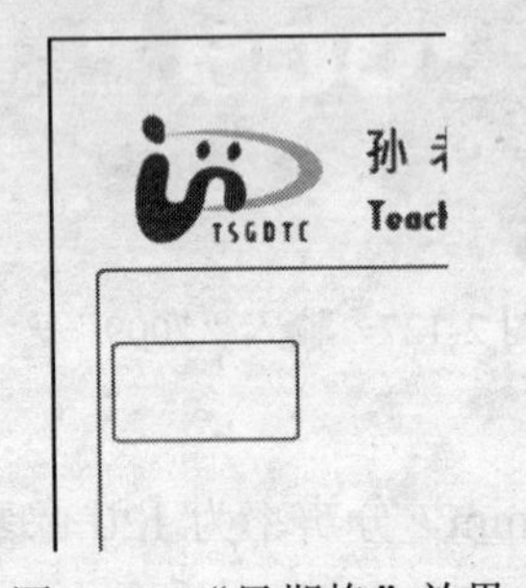

图 2-132 “日期格”效果

图 2-133 “顶对齐”、“水平居中分布”按钮

图 2-134　复制“日期格”

9）运用步骤 8 的方法，绘制出如图 2-135 所示图案。

10）选中第一排日期小格，复制并填充标准色中的紫色和灰色，如图 2-136 所示。

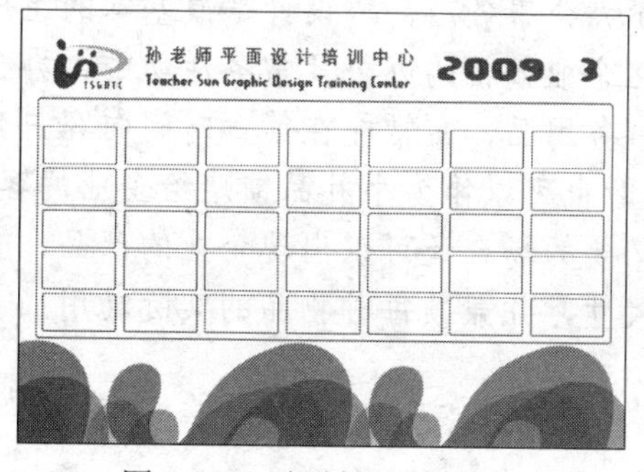

图 2-135　复制“日期格”

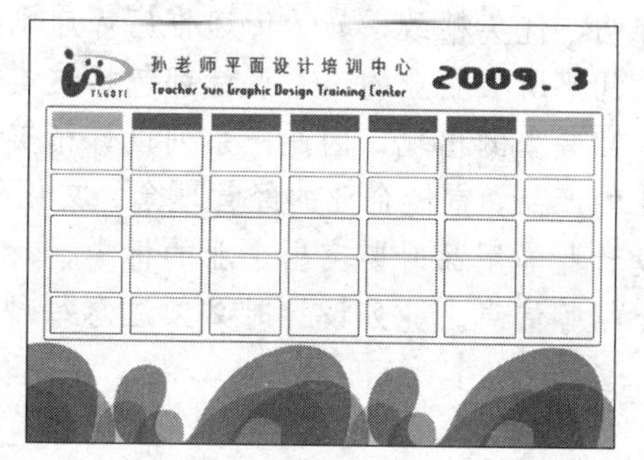

图 2-136　出入紫色、灰色“日期格”

11）在第一排日期小格中输入星期日至星期六的英文并设置为白色“Balcony Angels”字体，如图 2-137 所示。

12）在下面的日期小格中输入相应的日期，并将其对齐，等距分布，如图 2-138 所示。

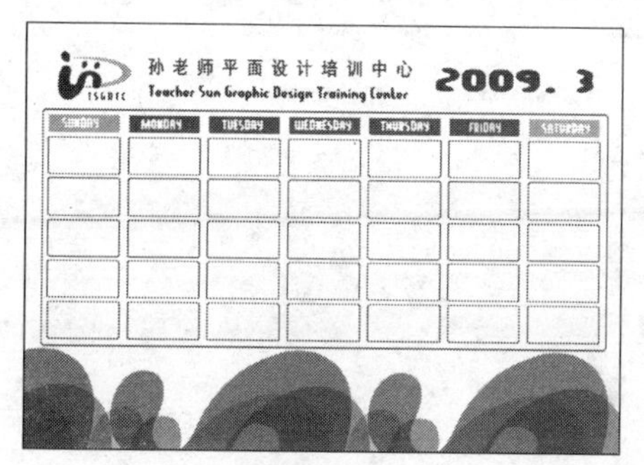

图 2-137　输入英文星期单词

图 2-138　输入日期

2.8.5　任务拓展

自由设计实例练习

要求：根据提供文字信息，运用本章节中介绍的设计方法完成下列设计，并能阐述自己的设计主题和设计思路。

1）给一家名为“泰安”的保险公司设计用于馈赠用户的台历，要求每月介绍一种保险产品，并配以相应的图片。

2）给一家名为“小天使”的儿童摄影公司设计用户定制的儿童台历，要求每页展示一张儿童摄影作品。

本章小结

本章的项目为 VI 视觉要素设计和办公事务用品类设计，具体由标志设计、标准字设计、标准色设计、名片设计、信封、信纸设计、文件夹设计和台历设计 7 个任务组成。在整个 VI 设计中，VI 视觉要素的设计最为重要，是全套 VI 设计的灵魂。因此在设计的过程中一定要针对客户提出的要求，具体分析构思设计思路，设计时要本着符合企业特点、简洁鲜明、优美精致、易于传递推广等原则设计。而办公事务用品类设计是最基本的组成部分，几乎所有企业的 VI 设计都包括这类设计。在企业日常的办公及常务活动中，办公事务用品频繁的出现，因此一系列设计精美的办公事务用品，常常能在第一时间向客户介绍企业的产品，宣传企业的经营理念、文化氛围，同时也可以作为小礼品馈赠给企业的客户。在设计此类用品时要突出企业的标志、标准字，必要的场合还可以出现企业的产品、企业的介绍等信息。此外设计时必须注意每种物品的尺寸，并兼顾每种物品的实际功用。

第3章

项目二——化妆品企业 VI 设计

3.1 企业情况调研

3.1.1 企业概况

本章内容中虚拟的设计对象是一家化妆品公司。

ROSEMARY 是中国国内有一定知名度的化妆品公司，在各个城市的商场都有属于自己品牌的专柜。公司目前正推出新研发的美白水润系列产品，主要针对 25～35 岁的女性消费群体，配合新产品的推广，对 ROSEMARY 品牌进行全新的打造。

ROSEMARY 公司的经营理念如下。

1．会员消费，尊荣共享

建立 ROSEMARY 会员制度，通过推荐新会员获得相应的积分及礼品，为 ROSEMARY 在自己的商圈内形成稳定的消费网络，提升顾客忠诚度。

2．网络管理，服务至上

通过互联网管理系统，发布网络广告，接受网上会员申请，吸收网上消费订购，享受总部提供的免费网上在线服务，为会员提供在线专家讲座与培训、在线美容诊断与指导等，令企业管理更加快捷。

3．中国丽人，全新打造

针对中国人的皮肤进行专门研究，帮助人们建立正确的护肤观念，打造自信、真诚、美丽的新女性。让美丽成为一种气质，让美丽提升为一种涵养，让美丽随着岁月的沉淀而更加成熟，让女性完美蜕变。

3.1.2 企业标志、标准字

根据 ROSEMARY 的经营理念，提出方案如下，标志、标准字设计如图 3-1 所示。

图 3-1 产品标志

3.1.3 项目任务

根据此“ROSEMARY”的标志、标准字，参考企业的经营理念设计如下任务。

1．企业广告宣传类

（1）VIP 卡片设计（3.2 任务 1）

（2）宣传册设计（3.3 任务 2）

2．商品包装产品类

（1）包装盒设计（3.4 任务 3）

（2）手提袋设计（3.5 任务 4）

3．媒体标志风格类

（1）CD 光盘设计（3.6 任务 5）

（2）CD 光盘封套设计（3.7 任务 6）

4．办公用品类

工作证设计（3.8 任务 7）

在企业情况进行调研后，我们对企业的基本信息已经有了初步的了解，接下来将通过与客户的沟通，了解客户企业的性质和商品的特性，参考企业的形象战略，完成具体任务的设计工作。

下面章节将介绍根据企业已有的标志、标准字进行设计的各类用品，并就具体设计方法做详细说明。

3.2 任务 1——卡片设计

3.2.1 知识储备

1．卡的构造

以 PVC 为基本材料，附加不同辅助材料制造而成。

1）纸质卡片：以一定厚度的纸张为卡基，在纸卡基上附加上磁条号码等工艺。

2）塑胶 PVC 卡片：以一定厚度的 PVC 为卡基，在 PVC 上附加上其他工艺。

3）磁条卡片：在 PVC 表面附加上磁条。

4）IC 智能卡：在 PVC 片基上嵌入电子模块。

5）非接触（感应）卡：在 PVC 内置入电子模块和线圈，模块和线圈是不可见的。

6）个性化卡：在 PVC 卡基上印刷如图案、照片、文字、条形码等信息内容。

以上各种卡尺寸一般为国际通用标准尺寸为 85.5mm×54mm（出血稿件为 89mm×57mm），厚度按客户要求可做适当调整。

2．卡的功能

1）纸质卡片：在纸基上可加上各种信息，属一次性使用卡类。

常用的有如：电信充值卡、上网卡、合格证、宣传卡、门票、抽奖卡、公路收费卡、登机牌、停车场收费卡等。

2）磁条卡：通过磁条记录信息，卡上磁条记录的信息与相应的读写设备写入或读取后，完成客户所需的要求。

3）接触 IC 卡：通过 IC 芯片记录信息，卡上 IC 芯片记录的信息与相应的读写设备写入或读取后，完成客户所需的要求。

4）非接触 IC 卡：卡上的模块与系统读写设备间产生射频信号收发过程，从而完成对卡片的读写。模块本身具有记录、计算等功能，目前读写距离可达 10～150cm。

5）个性化卡：卡上可印刷照片、条形码、文字也可加如磁条、电子模块起到识别身份的作用。常用于考勤卡、身份证卡、各种证件卡，实用性强、应用广。

3．会员卡制作意义

会员卡、贵宾卡泛指普通身份识别卡，包括商场、宾馆、健身中心、酒家等消费场所的会员认证。公司大量生产会员卡及其他各种卡类产品。

会员卡、贵宾卡能提高顾客购买意愿，建立顾客品牌忠诚度。

会员卡包括很多种，从等级上分，有红卡、绿卡、蓝卡，有普通会员卡、优惠卡、贵宾卡，有注册会员卡、正式会员卡等。它们的用途非常广泛，只要涉及到需要识别身份的地方，都要用到身份识别卡，即会员卡。比如说学校、俱乐部、公司、机关、团体等，如图 3-2、图 3-3 所示。

图 3-2　VIP 会员卡

图 3-3　银行卡

3.2.2 任务情境

任务：在本任务中，为本产品的用户制作会员卡，方便用户选购产品。

要求：

1）标志造型要能够表现出独特的企业性质。

2）根据产品的特点确定设计的风格、主题、色调。

3）定位准确，会员卡设计力求符合女性群体的特性，体现出女性的柔美。

4）设计的内容要突出卡片的功能，卡片说明要准确清晰。

3.2.3 任务分析

1．设计软件分析

使用 CorelDRAW 软件中的贝塞尔曲线、螺旋形工具、文本工具、形状工具、矩形工具等进行设计。使用贝塞尔曲线可以设计制作出优美的线条，螺旋形工具的应用可以制作线条中的一些螺旋曲线等。

2．设计思路分析

在本设计中，主体是 ROSEMARY 化妆品的标志设计及其 VIP 卡片设计。因此，在设计中采用了红色作为标准色，贴近女性。同时在设计中添加了柔美的线条组合，用于描述女性的柔美与温柔，体现本品牌的宗旨：自然与美丽的结合。VIP 卡片上的标志以及名称等信息是必须有的，总体风格简练，主要采用粉红色调，象征女性的柔美。

作为 VIP 会员卡的制作，还要注意表达的完整性。例如，卡号、会员签名、卡功能说明、网址、联系电话等信息。

卡片格式：圆角 85 mm ×54mm（成品）出血：88.5mm×56mm

3.2.4 任务实施

1．效果图展示（见图 3-4）

图 3-4 任务 1 效果图

2．步骤分析

1）打开 CorelDRAW 软件，执行“文件”→“新建”菜单命令或者按<Ctrl+N>组合键新建文件，在属性栏中或“版面”→“页面设置”中将页面宽度设置为 135mm，高度设置为 100mm，方向为横向，背景设置为纯色，10%黑，如图 3-5 所示。

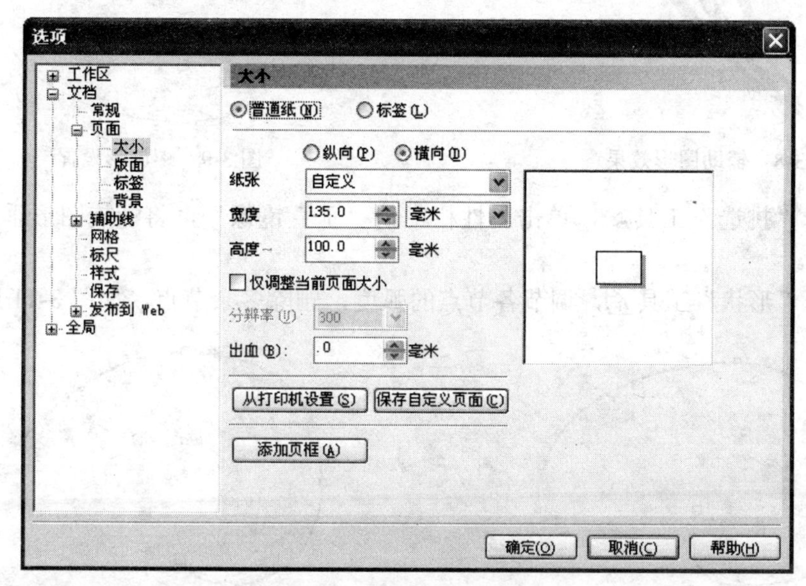

图 3-5　页面设置对话框

2）选择“矩形”工具，在页面中拖拽出矩形，将卡的尺寸设置为宽 85mm，高 55mm。

3）选择“形状”工具；将矩形的直角调整为圆角，如图 3-6 所示。

4）选中圆角矩形，填充颜色为白色；右键单击调色板中的☒去掉轮廓色，得到的效果如图 3-7 所示。

图 3-6　使用形状工具调整圆角

图 3-7　填充效果

5）选择“贝塞尔”工具在页面绘制曲线，并配合“形状”工具调节各结点的方向，填充颜色 M=100，如图 3-8 所示。

6）点击“图纸”工具中的“螺旋形”工具，在属性栏中将螺旋回圈设置为 1，如图 3-9 所示。

图 3-8　辅助图形效果

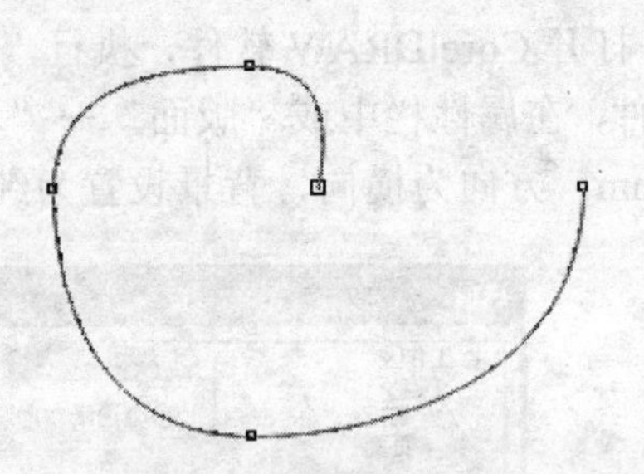

图 3-9　螺旋形设置

7）选择“挑选”工具，单击属性栏中的“垂直镜像”，将螺旋图形垂直翻转，如图 3-10 所示。

8）选择“形状”工具，调节各节点的弧度，删除多余节点，如图 3-11 所示。

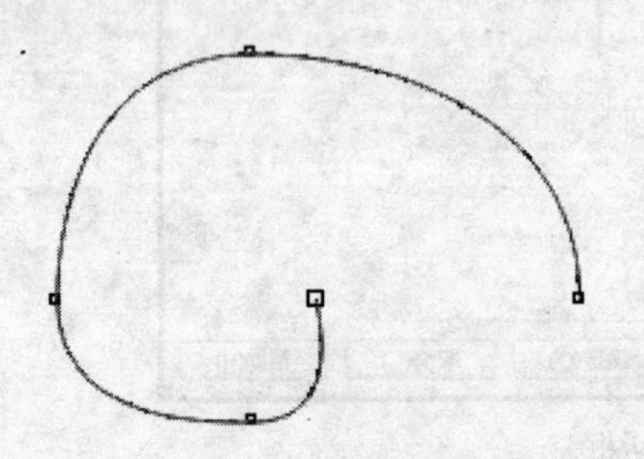

图 3-10　垂直镜像设置

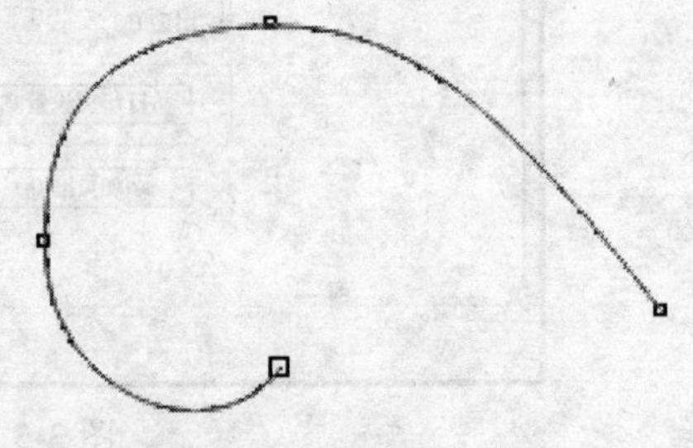

图 3-11　删除多余节点

9）选择“艺术笔”工具，在属性栏的“预设笔触列表”中选择，设置艺术媒体宽度为 0.762 mm，如图 3-12 所示。

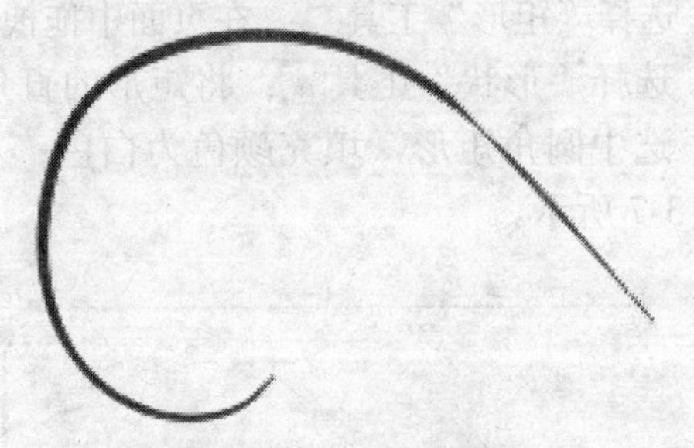

图 3-12　艺术笔设置

10）选中图形，按<Ctrl+G>将绘制的图形进行群组，如图 3-13 所示。

11）将绘制的图形移动到矩形的右侧，如图 3-14 所示。

图 3-13　群组设置

图 3-14　绘制图形在卡中的位置

12）选择“工具”→“选项”，在对话框中选择“编辑”，取消“新的精确裁剪内容自动居中”选项，如图 3-15 所示。

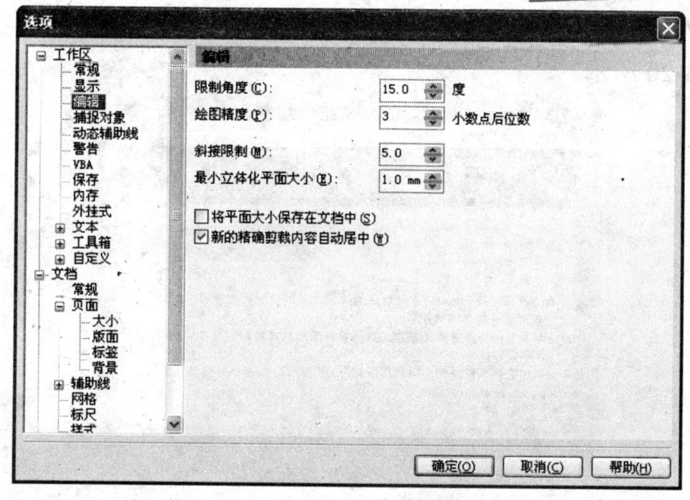

图 3-15　新的精确裁剪内容居中

13）同时选中矩形和绘制的图形，执行“效果”→“图框精确剪裁”→“放置在容器中”菜单命令，并在图形上单击，如图 3-16 所示。

14）选择“文件”→“导入”，将“化妆品标志”导入，放置合适位置，调整大小，如图 3-17 所示。

图 3-16　放置容器效果

图 3-17　标志放置位置

15）使用“文字”工具，选择“Colonna MT”字体，输入相关文字内容，如图 3-18 所示。

16）复制正面的白色圆角矩形，接着添加一个矩形作为刷卡区，填充颜色 M=53、Y=100、K=72，如图 3-19 所示。

图 3-18　输入文字

图 3-19　制作卡片背面

17）使用“文字”工具输入使用卡的注意事项以及企业的相关信息等，完成卡片背面的制作，如图 3-20 所示。

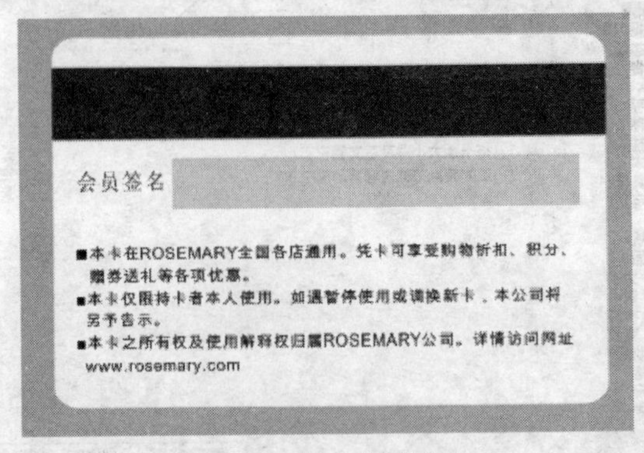

图 3-20　输入背面文字

3.2.5　任务拓展

1．临摹实例练习

要求：根据提供的效果图，运用 3.2.4 任务实施中介绍的工具及制作方法完成如图 3-21、图 3-22 所示作品。

图 3-21　练习 1

图 3-22　练习 2

2．自由设计实例练习

要求：根据提供文字信息，运用本章节中介绍的设计方法完成下列设计，并能阐述自己的设计主题和设计思路。

1）运用天鹅图案为一家珠宝公司设计该企业的标志，主要消费对象为 20～30 岁的时尚女性，要求设计简洁大方。

2）给一家银行设计以“迎接奥运”为主题的信用卡。

3）给一瓶名为“精灵”的新款香水产品设计 VIP 贵宾卡卡片。

3.3　任务 2——宣传册封面设计

3.3.1　知识储备

1．宣传册的作用

企业宣传册和产品介绍宣传册是企业和产品宣传的重要表现形式之一，大部分的客户由于时间和空间的问题，一般不会亲自跑到公司去考察，因此，企业宣传册和产品介绍宣传册有绝对的必要性。公司宣传册是唯一最快速有效地让客户了解你的广告媒介，针对他们心中最大的疑问，寻求公司企业文化、发现潜力商品、寻求商业契机。公司形象、产品质量的宣传都由宣传册来介绍，对于潜在客户或长期客户，公司宣传册可谓必备之宣传品。

2．宣传册设计范围

大致有以下几个方面：

1）宣传卡：包括传单、明信片、贺年片、企业介绍卡、请柬、贺卡、入场券、节目单、菜单等，一般只在正面介绍主要内容，正反面均有相关的说明文字和图形设计，用于介绍商品和表现企业宣传品形象。

2）商品样本：包括产品目录有对折、两折、三折或加封套集成一册、企业刊物、画册等，其设计内容有产品展现，有前言、致辞、各种商品、成果介绍、未来展望和介绍服务等，通常情况下均在展示商品之前介绍给代销商和消费者。

3）产品说明书：一般用于商品包装内，主要是介绍商品，让消费者了解商品的性能、结构、成分、质量、工作原理、维修方法和使用方法。其开本形式、规格大小与商品样本基本相同。

3．宣传册设计特点

宣传册是以一个完整的宣传形式，针对销售季节或流行期，针对有关企业和人员，针对展销会、洽谈会，针对购买货物的消费者进行邮寄、分发、赠送，以扩大企业、商品的知名度，推售产品和加强购买者对商品了解，强化了广告的效用。

宣传册设计的功能具备以下特征：

（1）宣传准确真实　宣传册与招贴广告同属视觉形象化的设计。都是通过形象的表现技巧，在广告作品中塑造出真实感人、栩栩如生的产品艺术形象来吸引消费者，接受广告宣传的主题，以达到准确介绍商品、促进销售的目的。与此同时，宣传册还可以附带广告产品实样，如纺织面料、特种纸张、装饰材料、洗涤用品等，更具有直观的宣传效果。

（2）介绍仔细详实　提示性的招贴广告，是以流动的消费者为主要诉求对象。因此追求的是瞬间的视觉感染作用，强调其注目率和强烈的视觉冲击力。而宣传册则与招贴广告不同，它可以保证有长时间的广告诉求效果，使消费者对广告有仔细品味的余地。因此宣传册应仔细详尽地介绍说明产品的性能特点和使用方法，同时可以提供各种类型、不同角度的产品照片以及工作原理图纸、科学试验的数据、图表等，以便于用户合理的选择、正确的操作使用和维修保养。

（3）印刷精美别致　宣传册有着近似杂志广告的媒体优势，即印刷精美、精读率高，相对来说这一点是招贴广告所不具备的。因此宣传册要充分利用现代先进的印刷技术所印制的逼真影像、色彩鲜明的产品和形象来吸引消费者。同时通过语言生动、表述清楚的广告文案使宣传册以图文并茂的视觉优势，有效地传递广告信息，说服消费者，使其对产品和劳务留下了深刻的印象。

（4）散发流传广泛　宣传册可以被大量印发，邮寄到代销商或随商品发到用户手中，或通过产品展销会、交易会分发给到会观众，使广告产品或劳务信息广为流传。由于宣传册开本较小，因此便于邮寄和携带，同时有些样本也可以作为技术资料长期保存。

4．宣传册的尺寸

标准尺寸：（A4）210mm×285mm

3.3.2 任务情境

任务：为 ROSEMARY 化妆品公司的所有产品汇总，进行宣传，制作相应的产品宣传册。

要求：

1）根据客户的要求和产品的特点确定设计的风格、主题、色调。

2）标准字的设计要做到构图合理、标准色搭配和谐并且醒目。

3）设计方案要做到：设计造型要能够表现出独特的企业性质和商品特性，设计应该与企业的形象战略相符合。

4）重设计的实用性，设计具有相应的功能。

3.3.3 任务分析

1．设计软件分析

使用 CorelDRAW 软件中的“贝塞尔曲线”、“形状”、“交互式透明”等工具进行设计制作。

2．设计思路分析

在设计中，要考虑几大要素：文字、图形、色彩、编排，互相配合，制作出符合客户需求的宣传册。

（1）文字　文字的编排设计是增强视觉效果，使版面个性化的重要手段之一。在宣传册设计中，字体的选择与运用要便于识别，容易阅读。改变字体形状、结构，运用特技效果或选用书法体、手写体时，更要注意其识别性。

在整本的宣传册中，字体的变化不宜过多，要注意所选择的字体之间的和谐统一。标题或提示性的文字可适当地变化，内文字体要风格统一。文字的编排要符合人们的阅读习惯，如每行的字数不宜过多，要选用适当的字距与行距。

（2）图形　图形是一种用形象和色彩来直观地传播信息、观念及交流思想的视觉语言，它能超越国界、排除语言障碍并进入各个领域与人们进行交流与沟通，是人类通用的视觉符号。

注目效果：有效地利用图形的视觉效果吸引读者的注意力。这种瞬间产生的强烈的“注目效果”，只有图形可以实现。

看读效果：好的图形设计可准确地传达主题思想，使读者更易于理解和接受它所传达的信息。

诱导效果：猎取读者的好奇心，使读者被图形吸引，进而将视线引至文字。图形表现的手法多种多样。

（3）色彩　在宣传册设计中，运用商品的象征色及色彩的联想、象征等色彩规律，可增强商品的传达效果。不同种类的商品常以与其感觉相吻合的色彩来表现，如食品、电子产品、化妆品、药品等在用色上有较大的区别；而同一类产品根据其用途、特点还可以再细分。如食品，总的来说大多选用纯度较高，感觉干净的颜色来表现；其中红、橙、黄等暖色能较好的表达色、香、味等感觉，引起人的食欲；咖啡色常用来表现巧克力或咖啡等些苦香味的食品；绿色给人新鲜的感觉，常用来表现蔬菜、瓜果；蓝色有清凉感，常用来表现冷冻食品、清爽饮料等。

（4）编排　页码较少、面积较小的宣传册，在设计时应使版面特征醒目；色彩及形象要明确突出；版面设计要素中主要文字可适当大一些。

页码较多的宣传册，由于要表现的内容较多，为了实现统一、整体的感觉，在编排上要注意网格结构的运用；要强调节奏的变化关系，保留一定量的空白；色彩之间的关系应保持整体的协调统一。

找出整册中共性的因素，设定某种标准或共用形象，将这些主要因素安排好后再设计其他因素。在整册中抓住几个关键点，以点带面来控制整体布局，做到统一中有变化，变化中求统一，达到和谐、完美的视觉效果。

3．设计注意事项

1）外表要大方美观，语言简单明了，体现企业的文化底蕴。

2）宣传册是用来宣传企业的，可以适当地介绍企业情况。将要执行或正在研究发行的产品先简单介绍一下，体现出企业的实力与前景，

3）宣传册内页不要太多，保持在3～6页比较合适。

4）宣传册的内容可涵盖企业在网站或媒体做宣传的情况，加深客户对企业的记忆，达到宣传的目的。

5）最好是彩印，不要做黑白的，以体现产品的档次。

3.3.4　任务实施

1．效果图展示（见图3-23）

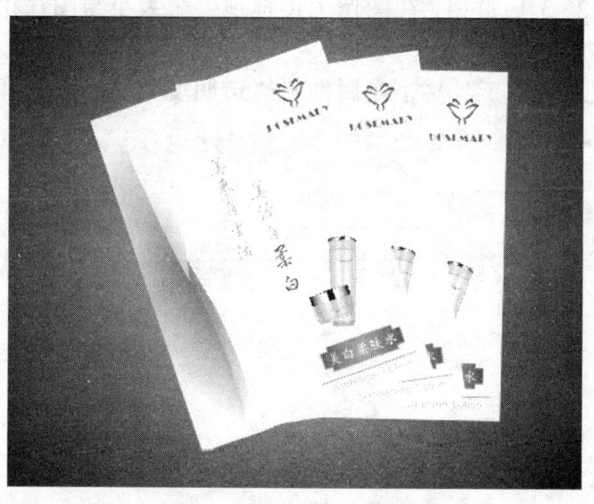

图3-23　任务2效果图

2．步骤分析

1）新建文件，页面宽度为210mm，高度为297mm。

2）选择“矩形”工具▢，在页面中拖拽出一个和页面等大的矩形，填充色为白色。

3）选择“贝塞尔曲线”工具，绘制图形 1，并使用“形状”工具，调整各节点的位置和曲线弧度等，填充色为渐变色，如图 3-24 所示。

4）选中渐变图形，使用“窗口”→“泊坞窗”→“变换”→“比例与镜像”菜单命令，选择“垂直镜像”，点击“应用到再制”按钮，并调整渐变色，得到图形 2，如图 3-25 所示。

5）选中图形 2，使用“排列”→“顺序”→“到后部”，调整图形排放顺序，如图 3-26 所示。

图 3-24　贝塞尔效果

图 3-25　复制图形设置颜色

图 3-26　排放顺序

6）复制并粘贴图形 1，适当调整位置及渐变色，设置排列顺序，得到图形 3，如图 3-27 所示。

7）选中图形 1、2、3 后群组，在图像上再拖拽一个大小与图片相等的矩形，填充色为白色。

8）选择“交互式透明”工具，在属性栏“透明度类型”中选择“方角”，如图 3-28 所示。

图 3-27　辅助图形设置效果

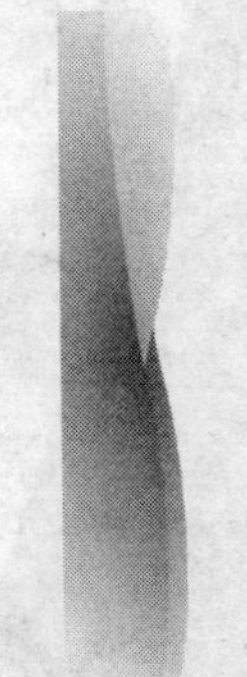

图 3-28　透明度设置

9）选择“文字”工具，输入宣传语，属性栏中选择“垂直排列文本”，字体为“方正黄草”，填充色为 M=40，Y=20，“柔白”二字为重点突出，调整大小，填充色为 M=100，如图 3-29 所示。

10）制作产品文本等内容，具体步骤见任务 3.2.1 任务，如图 3-30 所示。

图 3-29　输入文字

图 3-30　输入产品信息

11）打开项目素材库，导入化妆品瓶.jpg，调整至合适位置及大小，如图 3-31 所示。

12）导入标志，放置于合适位置，如图 3-32 所示。

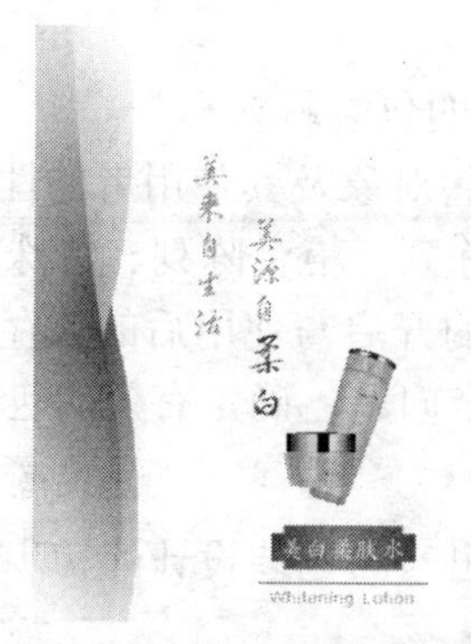

图 3-31　导入化妆品图片

图 3-32　导入企业标志

3.3.5　任务拓展

1. 临摹实例练习

要求：根据提供的效果图，运用 3.3.4 任务实施中介绍的工具及制作方法完成如图 3-33、图 3-34、图 3-35 所示的作品。

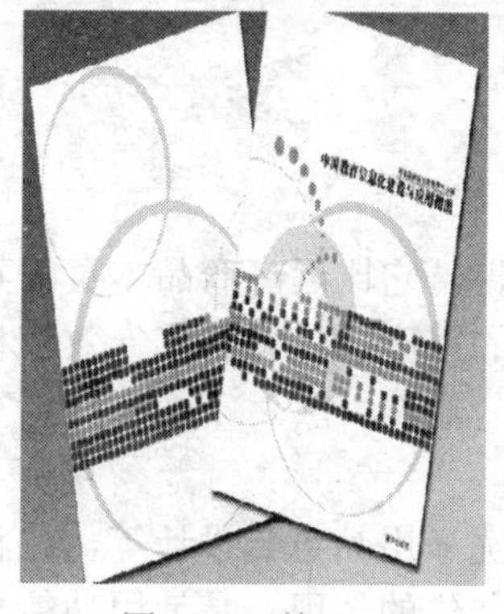

图 3-33　练习 1

图 3-34　练习 2

图 3-35　练习 3

2．自由设计实例练习

要求：根据提供文字信息，运用本章节中介绍的设计方法完成下列设计，并能阐述自己的设计主题和设计思路。

1）给一家银行的“理财之星”的理财业务设计产品宣传册的封面。

2）给一家通信公司的天宇系列产品设计产品宣传册的封面。

3.4 任务3——包装盒设计

3.4.1 知识储备

优良的包装有助于商品的陈列展销，有利于消费者识别选购，激发消费者的购买欲望。因而包装设计也被称为“产品推销设计”。

1．调查研究

1）产品的性能特点：根据产品的特点，选择合适的包装材料。

2）市场情况：了解产品销售范围，了解产品的销售对象及其使用者的性别、年龄、职业、文化程度等；了解商品销售时的陈列形式：货架陈列、柜台陈列、特殊陈列等。

3）产品的使用：要考虑必须方便消费者，即包装的开启与使用后的保存等；要确定商品单体包装的尺寸；要考虑包装在运输和使用中的安全问题；确定有效的包装寿命。

2．提出设计计划

掌握了市场与产品的特点后，进行综合分析，提出产品包装设计的初步设想。预期产品包装要达到的预想效果、所需成本等。

3．确定包装材料

不同的商品有不同的特性，根据产品的性质、形状、重量、结构、价值等因素，以及计划要求，选择适当有效的材料。

4．确定包装造型

包装材料确定后，从保护商品、方便消费、方便运输及其自动包装流水线的设备条件，设计包装造型。

5．提供设计图稿

6．小批量试制

7．确定设计方案

包装装潢设计作为一种广告，是商品和顾客最接近的广告，它比远离商品本身的其他广告媒介更具有亲切感和亲和力，它能深入到每一个消费者的家庭。包装的广告效应和作用对消费者是不可低估的。

包装盒的种类包括：

日用品包装包括化妆品包装盒设计、化妆品瓶体设计、洗涤用品包装设计等，化妆品作为一种时尚消费品，除了有一定的使用功效外，还是一种文化的体现，是使用功能与精神文化的结合，往往是用来满足消费者对美的心理需求。这类产品无论包装造型或色彩都应设计得简洁干净、优雅大方。

食品包装设计包括休闲食品包装设计、饮料包装设计、茶叶包装设计、月饼包装设计、礼盒包装设计等，我们在进行食品包装设计时，注重考虑两个层面的表现：即“口感”和“舌感”，在做到这两点的基础上，才进一步从包装结构、材料运用、行业标准等方面继续完善。

医药产品的包装设计必须严格遵循药品管理法和国家相关政策规定，要对该产品的药理特性及适应人群进行深入的分析，作出有针对性的设计，并且要充分发挥药品包装的商业宣传价值，促进药品销售，树立企业形象，增强消费者对企业或品牌的忠诚度。具体工作包括 OTC 药品包装设计、处方药品包装设计、保健品包装设计，中药包装设计，西药包装设计等。

工业产品的包装包括软件包装设计、CD 包装设计、电子产品包装设计、日化产品包装设计、农产品包装设计、工业品包装设计等，科技、时尚是该类产品的外在特点，设计表现趋向于简约，同时应该考虑如何易于产品线的形象延伸。

3.4.2 任务情境

任务：为品牌为“ROSEMARY”的化妆品制作包装盒，在制作平面展开图的同时也制作好立体效果图。同时，产品标志与产品功能说明等信息都必须体现在包装盒上。

1）能通过与客户的沟通，了解客户对设计的要求，比如包装的风格，主题，色调。

2）根据产品的特点能够准确地把握设计对图片、文字、构图技巧以及包装的文化内涵。

3）设计方案要做到：产品包装要能够表现出独特的企业性质和商品特性；设计造型要与企业标志造型相融合并且与企业的形象战略相符合。

3.4.3 任务分析

1．设计软件分析

使用 CorelDRAW 软件中的“文字”、“矩形”、“形状”、“焊接”等工具进行设计。

2．设计思路分析

（1）醒目　包装要使用新颖别致的造型、鲜艳夺目的色彩、美观精巧的图案，各有特点的材质使包装能出现醒目的效果，使消费者一看见就产生强烈的兴趣。

1）造型。造型的奇特、新颖能吸引消费者的注意力。

2）色彩。色彩美是人们最容易感受的。红、蓝、白、黑是 4 大销售用色，能够引发消费者的好感与兴趣。

3）图案。包装的图案要以衬托品牌商标为主，充分显示品牌商标的特征，使消费者从商标和整体包装的图案上立即能识别某厂的产品，特别是名牌产品与名牌商店，包装上商标的醒目可以立即起到吸引消费者的作用。

（2）理解　包装要准确传达产品信息的最有效的办法是真实地传达产品形象。例如可以采用全透明包装，可以在包装容器上开窗展示产品，可以在包装上绘制产品图形，可以在包装上做简洁的文字说明，可以在包装上印刷彩色的产品照片等。

包装的档次与产品的档次相适应，掩盖或夸大产品的质量、功能等都是失败的包装。

对高收入者使用的高档日用消费品的包装多采用单纯、清晰的画面，柔和、淡雅的色彩及上等的材质原料；对低收入者使用的低档日用消费品，则多采用明显、鲜艳的色彩与画面。

人们长期以来已经对某些颜色表示的产品内容有了比较固定的理解，这些颜色也可称为商品形象色。商品形象色有的来自商品本身：茶色代表着茶，桃色代表着桃，橙色代表着橙，黄色代表着黄油和蛋黄酱，绿色代表着蔬菜，咖啡色就是取自于咖啡。

（3）好感　首先是实用方面，即包装能否满足消费者的各方面需求，提供方便，这涉及包装的大小、多少、精美等方面。

其次，好感还直接来自对包装的造型、色彩、图案、材质的感觉。以色彩来说，女性大部分都喜欢白色、红色与粉红色，它们被称为女性色，女性用品的包装使用白色与红色就能引起女士们的喜爱。而男性喜欢庄重严肃的黑色，黑色又称男性色，男性专用品的包装使用黑色能得到男士的青睐，如图 3-36、图 3-37 所示。

图 3-36　食品包装

图 3-37　饮品包装

3．设计注意事项

在包装装潢的设计上，具有以下基本特点的销售包装，会使消费者产生好感，乐于购买。

1）装潢设计要美感大方。要做到形象、文字、构图、色彩的完美统一，表现方式简洁、明快、突出。

2）文字要清晰易读。商品包装上的说明，包括商品的功能，特点、开包方法、注意事项等，要用简明的文字表达出来。

3）商标图形要独特醒目。好的商标一看就会给顾客留下深刻的印象。商标位置要显眼。

4）造型结构要科学合理。包装的设计和结构、规格等要根据其使用方法、使用条件和使用的环境，进行设计。

5）包装材料要安全节约。包装材料的性质、规格等要符合商品的结构要求。

3.4.4 任务实施

1．效果图展示（见图 3-38）

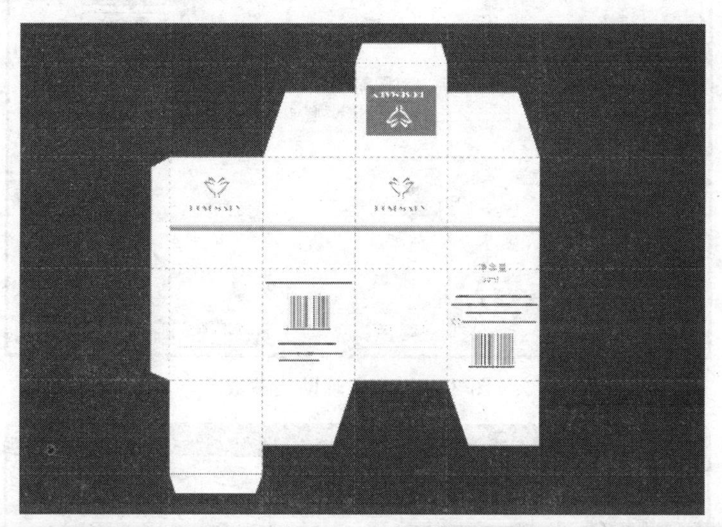

图 3-38　任务 3 平面展开效果图

2．步骤分析

1）新建文件，宽度为 290mm，高度为 210mm，填充色为黑色。

2）在“查看”→“网格和标尺设置”菜单中，将页面的中心设置为标尺的零刻度，如图 3-39 所示。

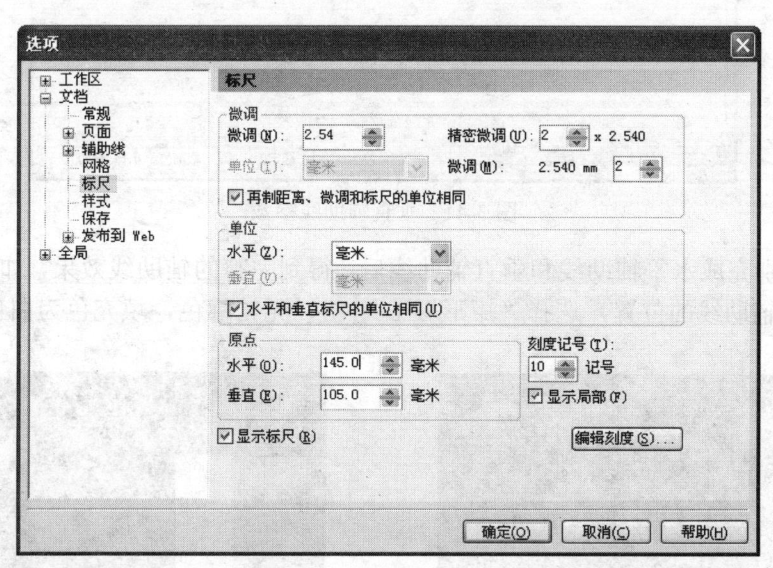

图 3-39　网格和标尺设置

3）制作的化妆品包装盒尺寸为：长 40mm，宽 40mm，高 95mm。为确定各面的位置，添加辅助线，如图 3-40、图 3-41 所示。

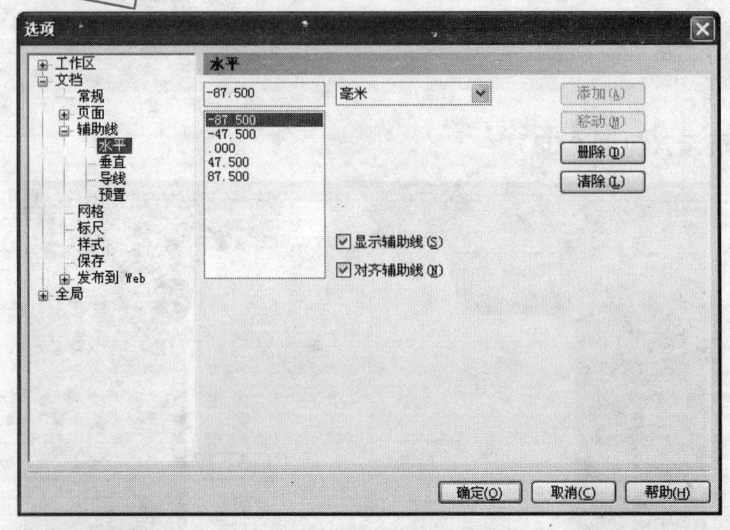

图 3-40 水平辅助线参数

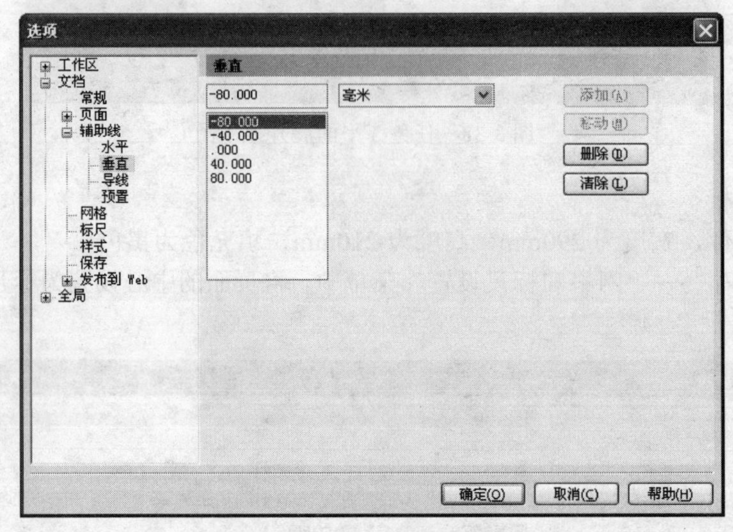

图 3-41 垂直辅助线参数

4）在分别完成水平辅助线和垂直辅助线后，得到完整的辅助线效果，如图 3-42 所示。

5）根据辅助线的位置，选择“矩形”工具□，无轮廓色，填充色为白色，如图 3-43 所示。

图 3-42 辅助线效果

图 3-43 创建矩形

6）选择“窗口”→“泊坞窗”→“变换”→“比例与镜像”菜单命令，打开“变换”对话框，进行设置，按同样步骤制作其他各面，如图 3-44 所示。

7）绘制多个矩形，选择“形状”工具，调节节点，得到多边形，如图 3-45 所示。

图 3-44　包装盒矩形图

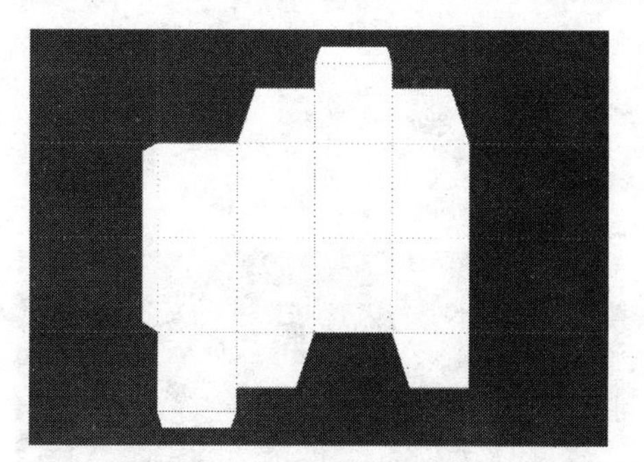

图 3-45　包装盒平面展开图

8）为了盒子的整体效果，选择“矩形”工具，在页面上拖拽得到矩形，接着复制矩形并调整高度，设置渐变色，如图 3-46 所示。

9）导入标志，调整大小，配合“排列”→“对齐与分布”中的菜单命令，放置在合适位置，如图 3-47 所示。

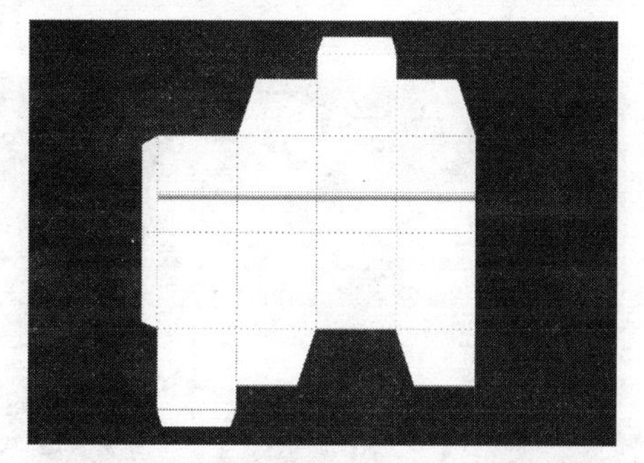

图 3-46　制作条状矩形

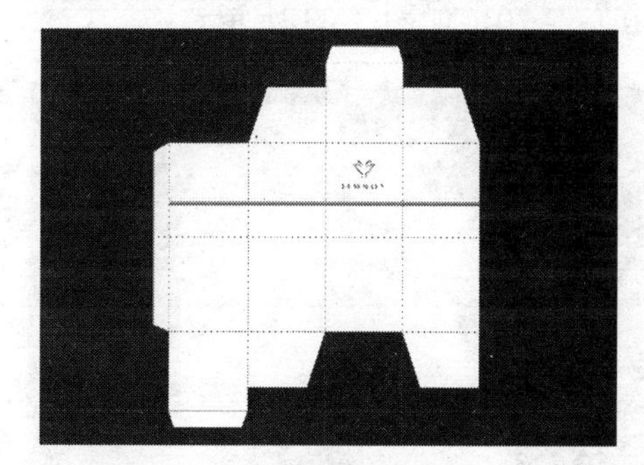

图 3-47　导入标志

10）选择“文字”工具，输入“美白爽肤水”，字体为“华文楷体”，填充色为渐变色，如图 3-48 所示。

11）选择“矩形”工具，绘制 3 个大小不同的矩形，轮廓色为 M=40，Y=20，并设置为水平对齐，如图 3-49 所示。

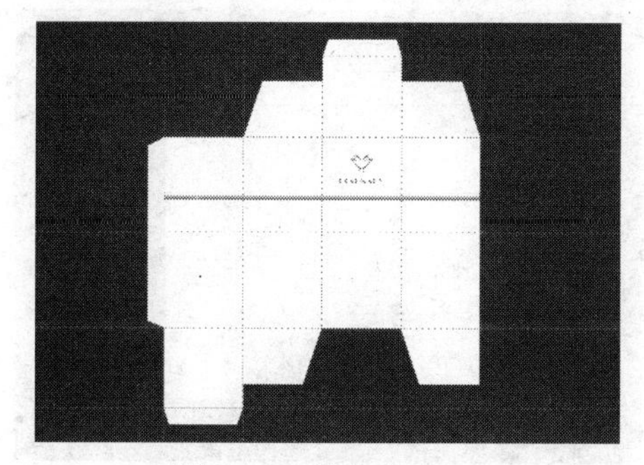

图 3-48　输入文字

图 3-49　矩形摆放

12）选中 3 个矩形，选择“属性栏”中的“焊接”，得到如下图形，如图 3-50 所示。

13）将绘制好的图形，放置在文字上方，使用“排列”→“对齐与分布”→“水平居中对齐”和“垂直居中对齐”等菜单命令，调节位置，如图 3-51 所示。

图 3-50　焊接效果

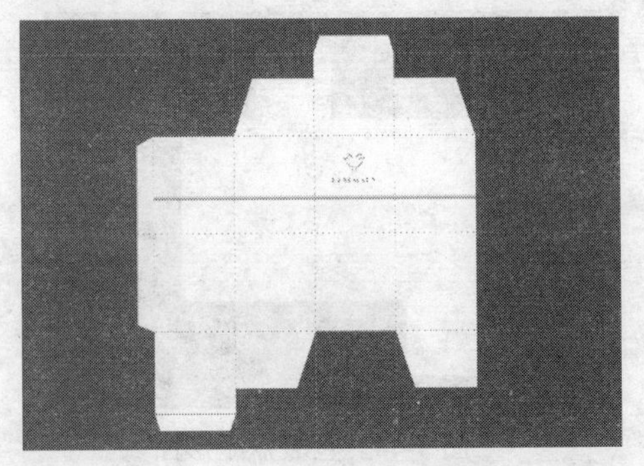

图 3-51　矩形与图形组合

14）选择“矩形”工具，绘制矩形，宽度为 0.392mm，轮廓色为 C=2，M=60，Y=4，如图 3-52 所示。

15）选择“文字”工具，输入“Whitening Lotion”，字体为“Arial”，填充色为 M=40，Y=20，如图 3-53 所示。

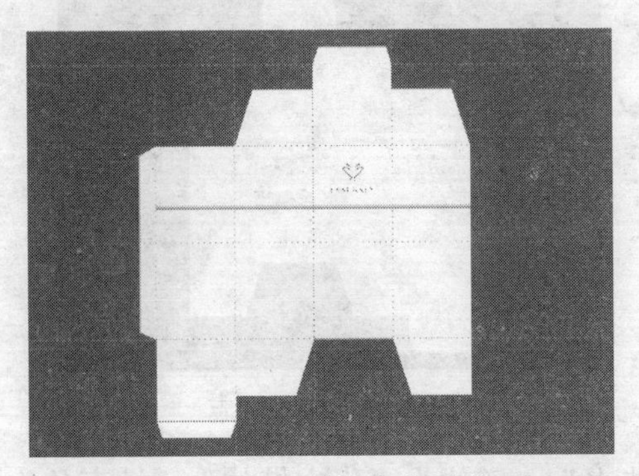

图 3-52　制作条状图形

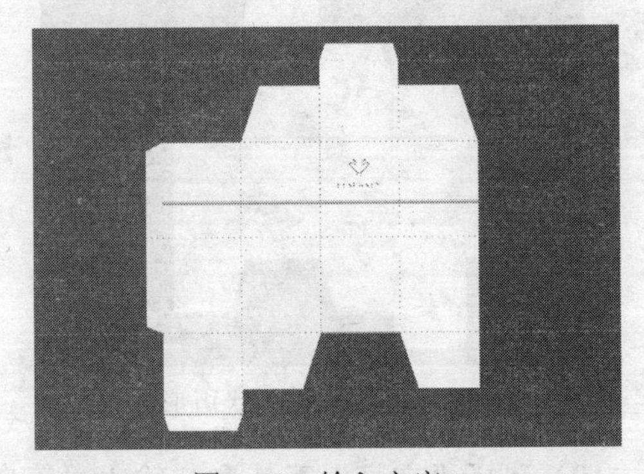

图 3-53　输入文字

16）将标志、文字等内容进行群组，复制后，粘贴至另一面中，如图 3-54 所示。

17）选择“文字”工具，在侧边的矩形中输入相关文字信息等，如图 3-55 所示。

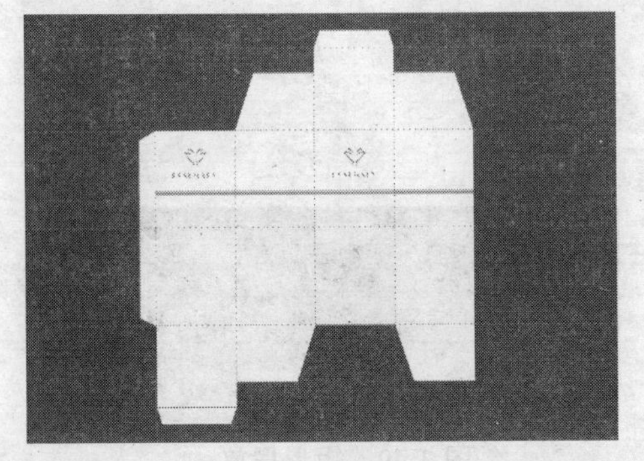

图 3-54　复制效果

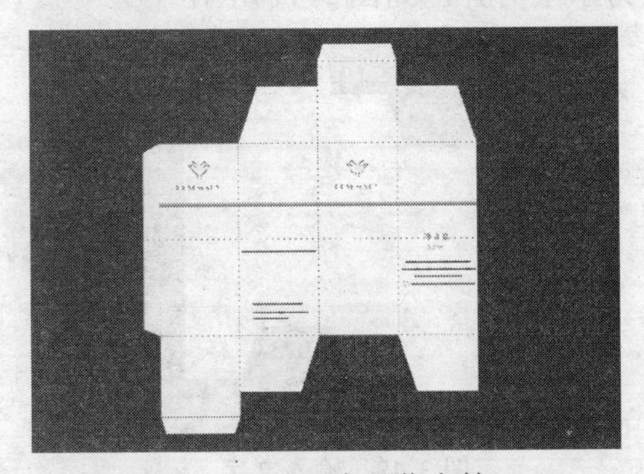

图 3-55　输入产品信息等

18）制作条形码，使用菜单中的“编辑”→“插入条形码”命令，从行业格式标准中选择 EAN-13（中国通用格式），输入数字，点击“下一步”完成，如图 3-56 所示。

图 3-56　制作条形码

19）调整条形码大小，放置在包装盒的侧面，如图 3-57 所示。

20）在包装盒的封盖上，选择矩形工具，绘制矩形，填充色为 M=100，并在矩形的中心添加标志，填充色为白色，如图 3-58 所示。

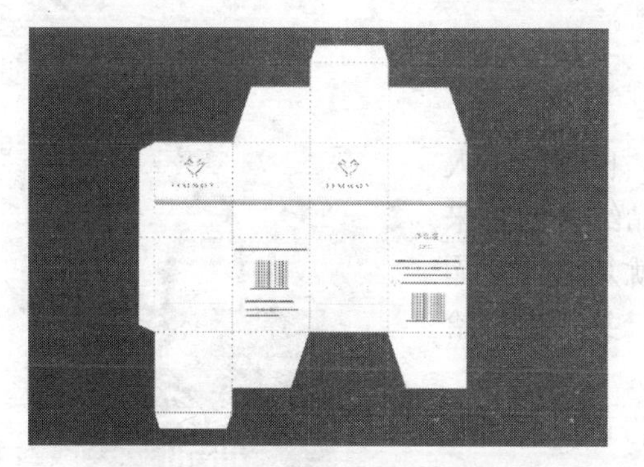

图 3-57　条形码放置位置

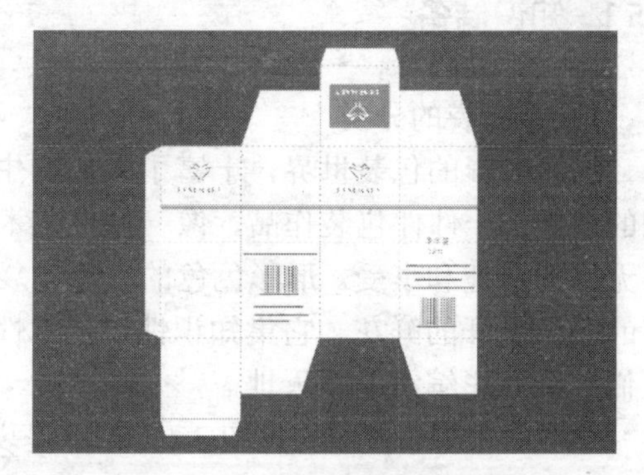

图 3-58　制作包装盒封盖

3.4.5　任务拓展

1．临摹实例练习

要求：根据提供的效果图，运用 3.4.4 任务实施中介绍的工具及制作方法完成如图 3-59、图 3-60、图 3-61 所示的作品。

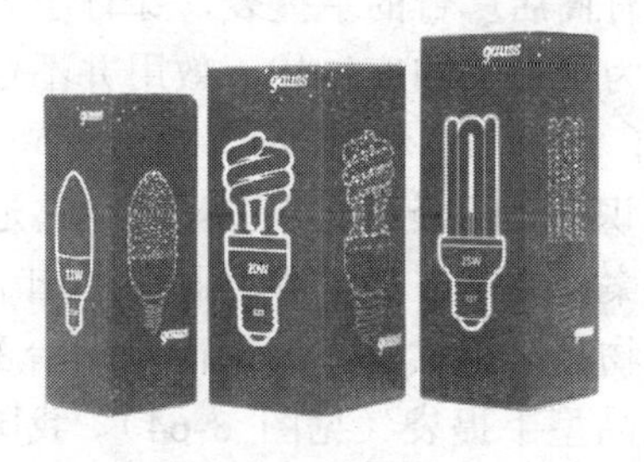

图 3-59　练习 1

图 3-60　练习 2

图 3-61　练习 3

2. 自由设计实例练习

要求：根据提供文字信息，运用本章节中介绍的设计方法完成下列设计，并能阐述自己的设计主题和设计思路。

1）给一个盒装牛奶设计产品外包装，主要消费人群是儿童，要求活泼可爱。

2）给一款手机设计产品外包装。本产品为高端产品，以公司、企业白领为主要消费对象，要求标志简洁，整体设计协调。

3.5　任务 4——手提袋设计

3.5.1　知识储备

1. 手提袋的分类

绚丽多彩的包装世界，丰富了人们的生活，也陶冶了人们的情操：一件件包装作品，像一件件艺术珍品给人们带来了无尽的情趣和享受。形形色色的“手提袋”就是这百花园中的一朵盛开的鲜花。它集知识性、艺术性于一身，提供给人们一个五彩缤纷的新天地。

图 3-62　广告型手提袋

（1）广告型手提袋（见图 3-62）　手提袋广告可以利用袋身有限的面积，向世人传播企业或产品服务的市场信息。当顾客提着印有商店广告的手提袋，穿行于大街小巷的时候，实际上就成为了精美的广告袋，效用并不亚于制作一个优秀的广告招牌，而费用却相对较低。

（2）知识型手提袋（见图 3-63）　它是把各类具有一定知识性的图案、文字，如世界名画、中国书法等，印在手提袋上。这类手提袋，不仅给消费者在携带物品时提供了方便，而且陶冶了人们的情操，使人产生美妙的心理感受。

（3）礼品型手提袋（见图 3-64）　我国是一个礼仪之邦，逢年过节、祝寿贺喜，人们总是要带上礼品“走动走动”，以联络感情，烘托气氛。当客人把礼品装在印有“祝您长寿”、“愿君快乐”等字样的手提袋里提去时，主人感到的不仅只有礼物，而且另有一番情趣在心头。

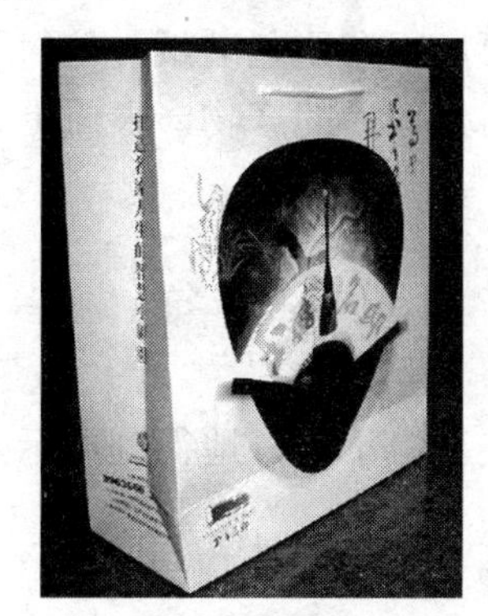
图 3-63　知识型手提袋

图 3-64　礼品型手提袋

（4）纪念型手提袋　如××艺术节纪念、旅游纪念袋等。这种策略迎合人们的纪念心理和荣誉心理，使人们在购物之后，尚有一番新感受。

（5）简易型手提袋　当顾客购买杂七杂八的东西，需要简易购物袋盛装时，如果店家能够提供一个，解人之忧，必定受到消费者欢迎。给人方便，本身就是促销的一个重要决窍。

（6）趋时型手提袋　现在人们普遍追求高水准的生活方式，时尚的商品引导一时的消费潮流。当社会上出现什么“热”的时候，若店家把商品图案、宣传信息印在优美的手提袋上，无疑是促销的重要一招。当消费者看到热点商品某店有售时，也就产生了“挡不住的诱惑”。

（7）仿古型手提袋　许多社会知名度高的传统商品，由于用料讲究、制作老道、历史久远而倍受消费者喜爱。如果手提袋上印有古朴而典雅的图案和文字，给人一种高贵和庄重的感觉，想必也会引起部分消费者的购物情趣。

2．手提袋常用纸张

（1）铜版纸　又称印刷涂料纸，这种纸是在原纸上涂布一层白色浆料，经过压光而制成的。纸张表面光滑，白度较高，伸缩性小、对油墨的吸收性与接收状态良好。主要用于印刷高级书刊的封面和插图、彩色画片、各种精美的商品广告、样本、商品包装、商标等。

（2）无光铜版纸　与铜版纸相比，不太反光。用它印刷的图案，虽没有铜版纸色彩鲜艳，但图案比铜版纸更细腻、更高档。印出的图形、画面具有立体感，因而这种铜版纸可广泛地用来印刷画报、广告、风景画、精美挂历、人物摄影图等。

（3）胶版纸　又称“道林纸”，表面未经涂布浆料，光泽度及平滑度较之铜版纸要差一些。主要供平版（胶印）印刷机或其他印刷机印制比较高级的彩色印刷品，如彩色画报内页、画册内页、宣传画、高级书籍以及书籍的封面、插页等。

（4）轻涂纸　即低定量涂布纸，介乎铜版纸和胶版纸之间，其彩印效果可与铜版纸相媲美，而且具有良好的不透明度和可滑度。耐久性较小，故而更适宜用来印刷不需要长久保存的印刷品，比如广告单页、传单。

（5）白卡纸　纸张具有白度高，坚挺厚实，耐破度高，表面平滑的显著特点，此类纸张一般用于印刷名片、证书、请柬、封皮、月份台历以及邮政明信片等。

（6）压纹纸　是专门生产的一种印刷品衬面装饰用纸。纸的表面有一种不十分明显的花纹。颜色分灰、绿、米黄和粉红等色，一般用来印刷单色封面。压纹纸性脆，装订时书脊容易断裂。

（7）牛皮纸　纸张颜色为黄褐色，纸质坚韧。主要用于印刷包装纸、信封、纸袋等。

（8）牛皮卡纸　又称箱板纸，是普通牛皮纸经表面处理后的产物，表面更光滑，也带来了更好的防水性能。主要用于纸箱及包装印刷。

3.5.2 任务情境

任务：在本任务中，要制作企业对外使用的手提袋。为了更好地得到展示效果，请分别制作平面展开图和立体效果图。

要求：

1）学会使用辅助线工具，在辅助线工具的帮助下确定各点面的位置。

2）手提袋设计中，必须包含企业的标志、名称等相关信息。

3）根据产品的特点确定设计的风格、主题、色调；设计风格统一，突出独特的企业性质。

3.5.3 任务分析

1．设计软件分析

使用 CorelDRAW 软件中的变换工具、文本工具、形状工具、交互式透明、修整工具等，进行设计。使用交互式封套工具完成立体图的设计制作。

2．设计思路分析

企业手提袋，是一个企业对外宣传的广告形式之一，因此，它的设计同样也非常重要。在设计中，应突出企业的形象与风格，给人眼前一亮的感觉。特别是当品牌已深入人心时，我们的设计更要让人一看就知道是什么品牌、是哪个企业的产品。

在本设计中，设计风格简练，以标志和辅助图形组合，体现品牌特色。

手提袋标准的尺寸为 400mm×285mm×80mm。当然根据需要也可以进行适当的调整。

3.5.4 任务实施

1．效果图展示（见图 3-65、图 3-66）

图 3-65　任务 4 平面效果图

图 3-66　任务 4 立体效果图

2．步骤分析

1）首先，制作手提袋平面图。新建文件，在属性栏中将页面的宽度修改为 590mm，高度修改为 385mm，将页面的背景设置为黑色。

2）制作平面展开图，必须使用辅助线来确定手提袋各个面的准确位置。在“查看”→“网格和标尺设置”菜单中，将页面的中心设置为标尺的零刻度，如图 3-67 所示。

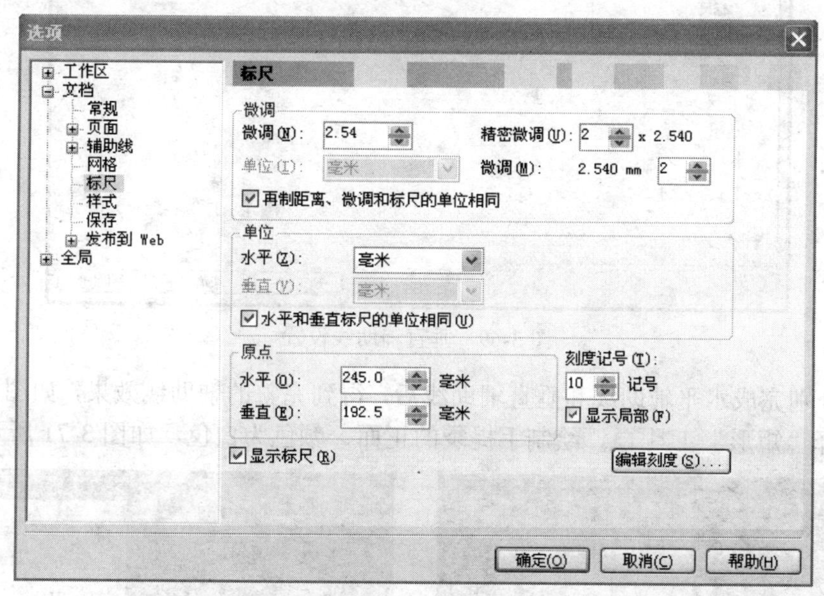

图 3-67　网格和标尺设置

3）手提袋尺寸为长 230mm、宽 35mm、高 290mm。根据手提袋各面的尺寸设置辅助线的位置，具体设置方法为“查看”→“辅助线设置”，如图 3-68、图 3-69 所示。

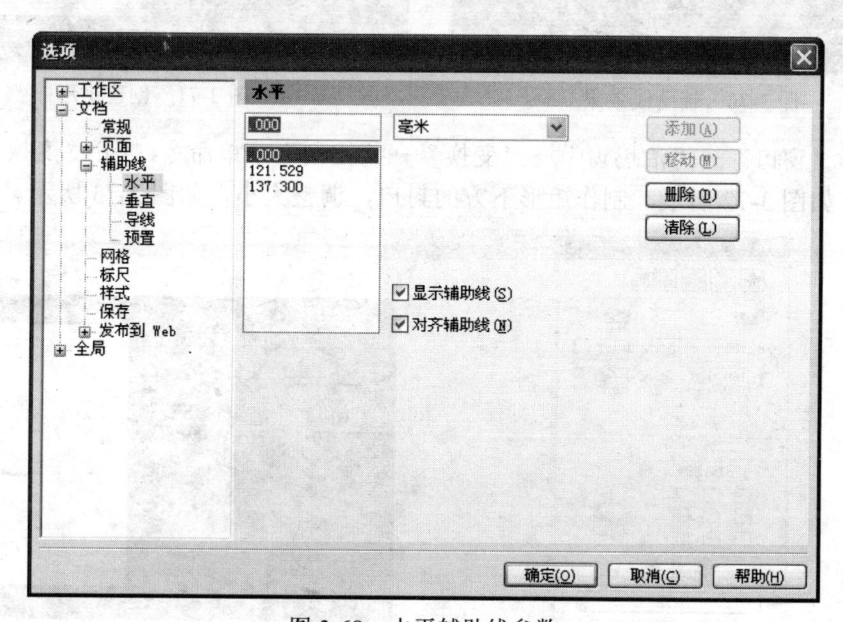

图 3-68　水平辅助线参数

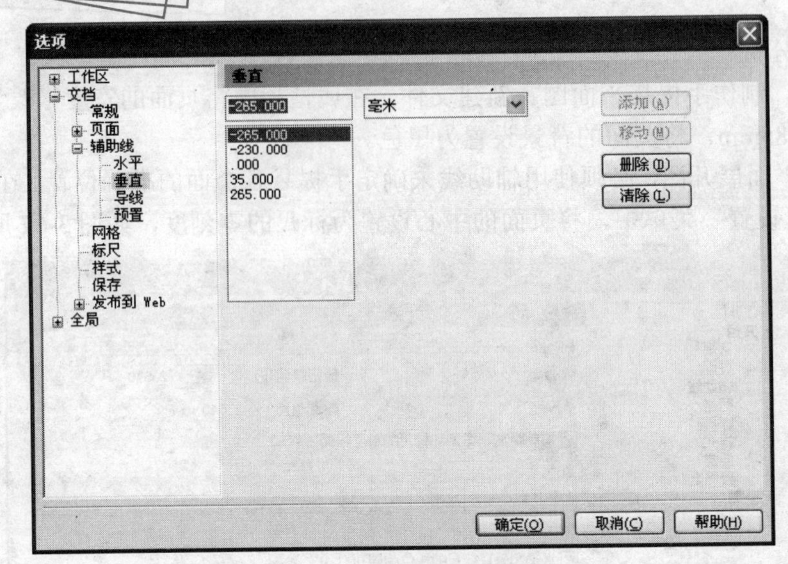

图 3-69　垂直辅助线设置

4）在分别完成水平辅助线和垂直辅助线后，得到完整的辅助线效果，如图 3-70 所示。

5）选择“矩形”工具，绘制手提袋的正面，颜色为白色，如图 3-71 所示。

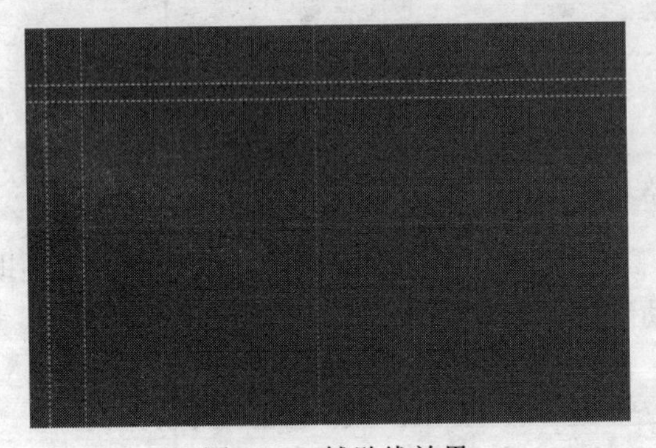

图 3-70　辅助线效果

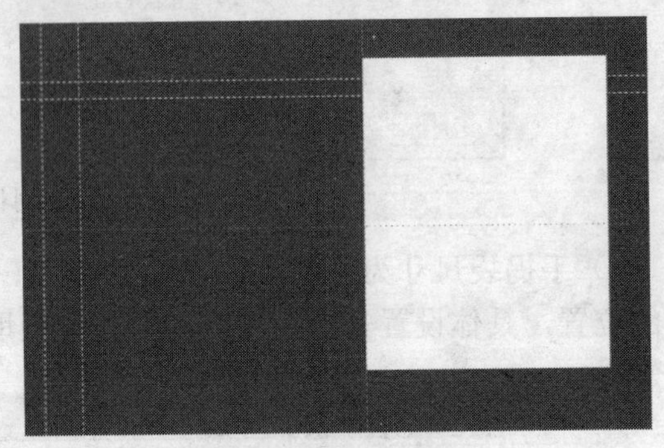

图 3-71　创建矩形

6)选择“窗口”→“泊坞窗”→“变换”→“比例”菜单命令，打开“变换”对话框，进行设置，如图 3-72 所示，制作矩形下方的封口，调整大小，如图 3-73 所示。

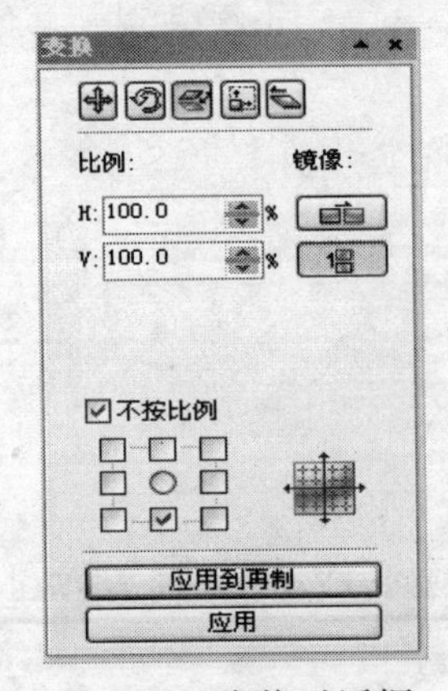

图 3-72　变换对话框

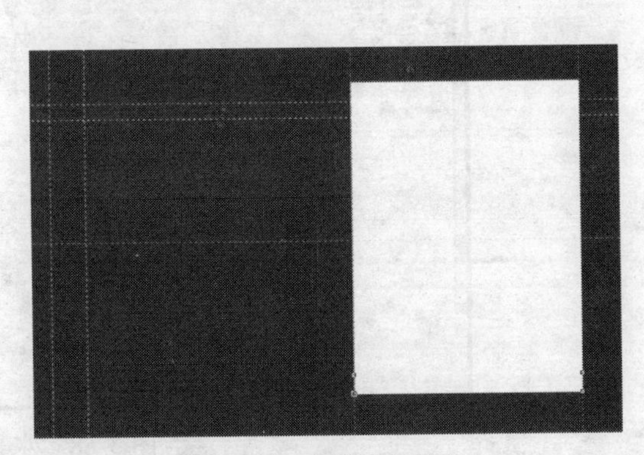

图 3-73　制作矩形封口

7）选择“形状”工具，调整封口的角度，如图 3-74 所示。

8）按照 5～7 步骤，制作手提袋的侧面，颜色为 M=100，如图 3-75 所示。

图 3-74　调整封口角度

图 3-75　制作手提袋侧面

9）导入辅助图片，将图片旋转到合适角度，使用“效果”→“精确裁剪”→“放置于容器”菜单命令，如图 3-76 所示。

10）导入标志图片，将图片和文字放置合适位置，如图 3-77 所示。

图 3-76　导入辅助图片

图 3-77　导入标志

11）选择“文字”工具，输入企业地址、联系电话、网址等相关信息，颜色为白色，选择“变换”→“旋转”工具，角度为 90 度。将文字放置在侧边的合适位置，如图 3-78 所示。

12）制作提手部分，选择“矩形”工具，在预定的范围内拖拽，并在属性栏中设置矩形的“边角圆滑度”为 60 度，如图 3-79 所示。

图 3-78　输入相关文字信息

图 3-79　绘制圆角矩形

13）按住<Shift>键，同时选择手提袋正面矩形和提手矩形后，选择“排列”→“对齐和分布”→“垂直居中对齐”，保证提手的中心位置。

14）选中提手矩形，执行“窗口”→“泊坞窗”→“修整”菜单命令，在打开的“修整”窗口中设置修整方式为“修剪”，单击“修剪”按钮，并在手提袋正面矩形上面单击以修剪对象，如图 3-80 所示。

15）选择手提袋正面和侧面的内容，进行群组。

16）为得到完整的手提袋平面展开效果，复制制作好的正面和侧面，将其整齐的对齐在左边，如图 3-81 所示。

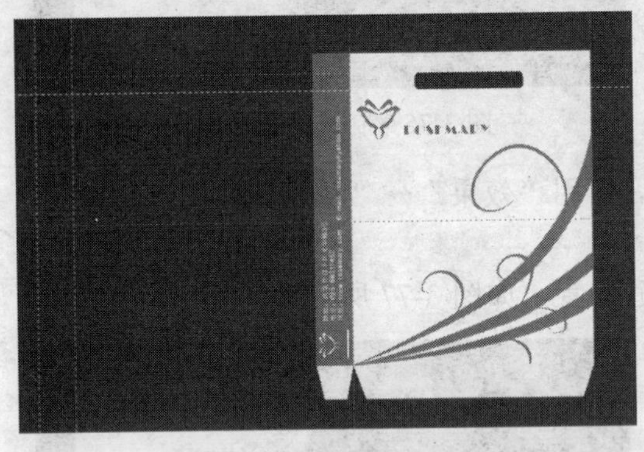

图 3-80　修剪工具使用

图 3-81　复制效果

17）由于拆合袋子的需要，必须在平面图的一端多出一小部分供粘贴使用，用白色矩形表示，如图 3-82 所示。

18）下面开始制作立体效果，单击界面底部的“+”增加一个页面，接着添加矩形并填充有白色至黑色的射线渐变色，如图 3-83 所示。

图 3-82　制作侧边矩形

图 3-83　制作射线渐变矩形

19）导入平面设计图，保留正面和侧面图，调整大小，如图 3-84 所示。

20）选择工具箱中的“交互式封套”工具，在侧面的图片处单击，拖拽节点改变图片的透视效果，如图 3-85 所示。

21）为使侧面的立体效果更明显，使用“贝塞尔”工具，绘制多个多边形，并填充为不同程度的黑白渐变色，如图 3-86 所示。

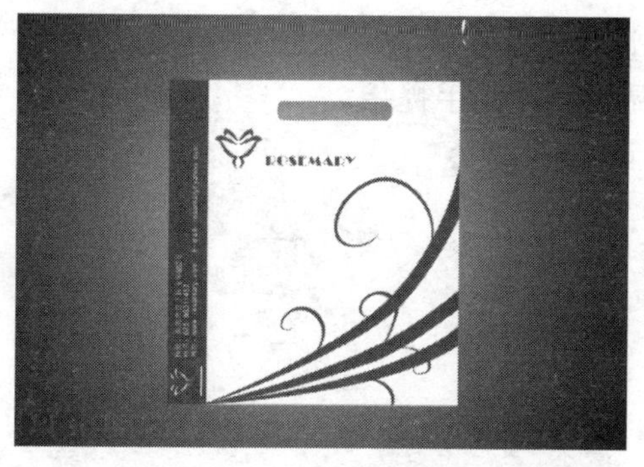

图 3-84　导入平面图

图 3-85　透视效果

图 3-86　设置阴影效果

3.5.5　任务拓展

1．临摹实例练习

要求：根据提供的效果图，运用 3.5.4 任务实施中介绍的工具及制作方法完成如图 3-87、图 3-88、图 3-89 所示的作品。

图 3-87　练习 1

图 3-88　练习 2

图 3-89　练习 3

2．自由设计实例练习

要求：根据提供文字信息，运用本章节中介绍的设计方法完成下列设计，并能阐述自己的设计主题和设计思路。

1）给一家名为“Sweet Candy”的食品公司设计产品手提袋。

2）给一家名为“Time”的IT公司的IT产品设计产品手提袋。

3.6 任务5——CD光盘设计

3.6.1 知识储备

1. 多媒体光盘的应用领域

政府宣传光盘：用于政府各部门对外宣传、城市周年庆祝、城市地域人文、统计资料汇编、招商引资及电子公务。

企业形象光盘：用于提高公司形象。它是目前国际上最为流行的一种宣传品，它体现了一家企业对现代技术的认同及经营管理者的素质水准。

产品目录及使用光盘：一个成功的产品是要依靠其质量及有效性，而不是靠难以预测的消费市场来检测的。使用多媒体技术制作的产品目录光盘虽然没有宣传品和游戏那样完美，但可以更充分地表现产品的各种特性，为用户提供详细的产品信息，达到最大的实用价值。

教学培训业务演示光盘：教学培训光盘用于辅助教学及培训，借助强大的互交功能，可使学员快速掌握培训内容，不受场地与时间的影响。业务演示光盘用于每个企业的业务部门，拥有一套互动式业务简报光碟，已渐成为全球趋势，利用多媒体的特性，内容规划以企业潜在客户的需求点出发，将客户最有兴趣及最具疑虑的内容以动态方式清楚呈现。

电子售楼光盘：利用多媒体技术让购房者充分了解楼盘的所在环境、升值潜力、房屋结构等详尽资料。

高级电子名片：名片型光盘不但可以抓住眼球，更可以超前的形式展现企业杰出的形象。无论是用于新闻发布会、新产品发布、软件展示、广告促销等。名片型光盘都能够让你精心堆砌的企业形象更上一层。名片型光盘的主要价值在于它的商业用途，适合个人、公司、国家机关等针对性的、个性化的内容制作。

展览会商务光盘：多媒体会展招商系统用于对展销会、展览会、博览会、开发区等进行详尽的综合介绍。汇集参展商资料，配以动画、图片、声音等，形成互动的多媒体系统，让参展商和参观者对展览会有全面、深刻的了解，并能方便检索使用。

2. 光盘规定尺寸（见表3-1）

表3-1 光盘规定尺寸

光盘类型	120mm CD	80mm CD	名片光盘	腰鼓盘
形状				
光盘尺寸	120mm	80mm	85mm ×60mm	80mm×63mm
印刷区域尺寸	118mm	78mm	83mm×58mm	78mm×61mm
容量	700MB	180MB	50MB	85MB
印刷区域最小内径	22mm			

1）120mm 大盘设计规格，如图 3-90 所示。

2）80mm 小盘设计规格，如图 3-91 所示。

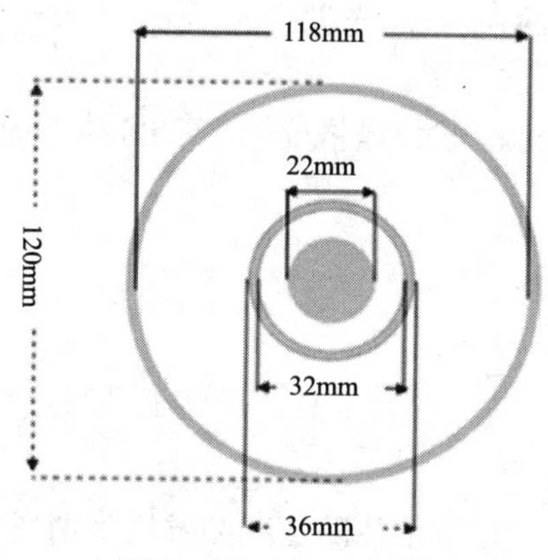

图 3-90　120mm 光盘规格

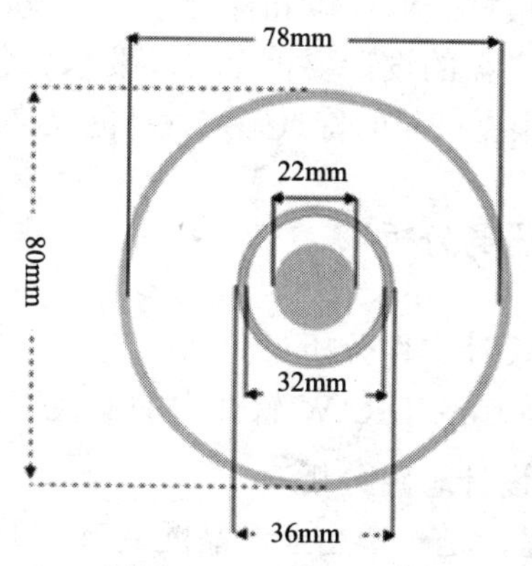

图 3-91　80mm 光盘规格

3）名片光盘设计规格，如图 3-92 所示。

4）腰鼓形光盘设计规格，如图 3-93 所示。

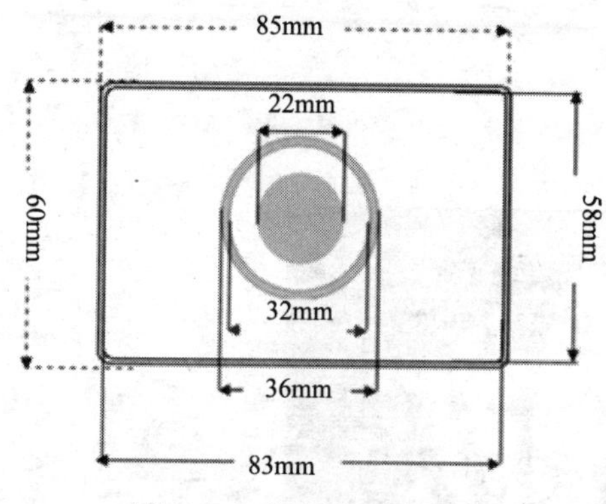

图 3-92　名片光盘规格

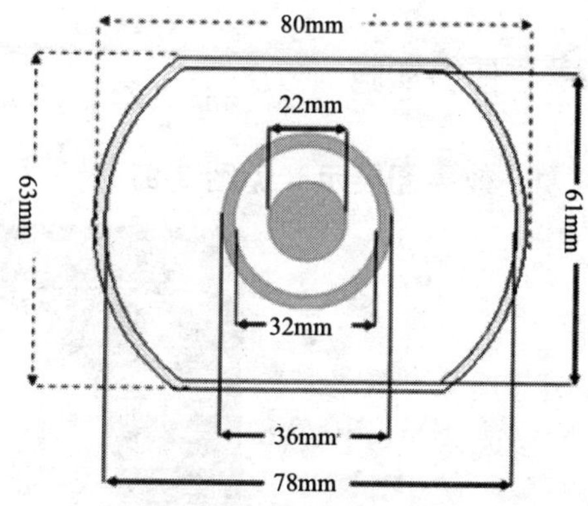

图 3-93　腰鼓形光盘规格

3．光盘效果如图 3-94～图 3-96 所示

图 3-94　电子产品光盘

图 3-95　电子名片光盘

图 3-96　异形光盘

3.6.2　任务情境

任务：在本任务中，制作企业新推出的化妆品制作光盘，方便读者从多角度了解产品及企业。

要求：

1）根据企业标志和标准字等，设计与标志风格统一的光盘。

2）光盘的设计要符合尺寸要求、色彩搭配简洁明了。

3）根据产品的特点确定设计的风格、主题、色调；设计风格统一，突出独特的企业性质。

3.6.3 任务分析

1．设计软件分析

使用 CorelDRAW 软件中的变换工具、文本工具、形状工具、修整工具等进行设计。

2．设计思路分析

光盘，是一个企业产品配套宣传的形式之一，它常常伴随着产品发送到消费者手中。消费者可以通过光盘介绍，再配合音乐的旋律，可以更全面地了解整套产品甚至整个企业的情况。在设计中，依然突出企业的形象与风格，设计风格简练，以标志和辅助图形组合，体现品牌特色。

3.6.4 任务实施

1．效果图展示（见图 3-97）

图 3-97　任务 5 平面效果图

2．步骤分析

1）新建文件，在属性栏中将页面设置为：宽度 190mm，高度 150mm，页面背景为黑色。

2）选择“椭圆”工具，按住<Ctrl>键在页面上拖拽得到正圆，在属性栏中，修改直径为 118mm，将颜色填充为白色。复制圆形，并将圆的直径设计为 22mm，将轮廓线设置为黑色，如图 3-98 所示。

3）选中两个正圆，选择“窗口”→“泊坞窗”→“修整”→“后减前”菜单命令，得到圆环，如图 3-99 所示。

图 3-98　创建圆形

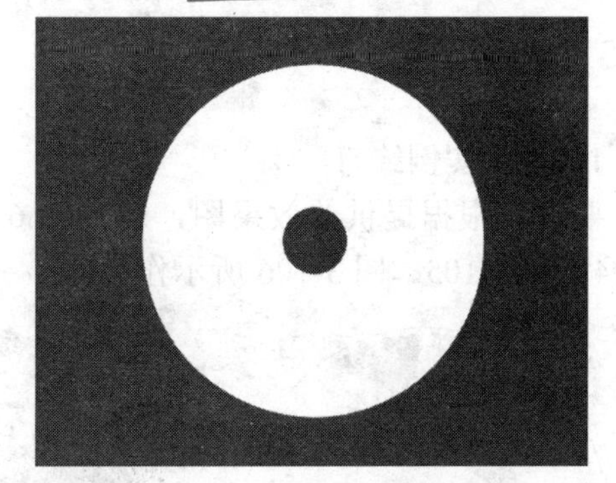

图 3-99　后减前效果

4）根据以上步骤制作圆环，作为光盘的外部，大圆尺寸为 120mm，填充色为 10%black，根据需要调整顺序，如图 3-100 所示。

5）根据以上步骤制作圆环，作为光盘的内部，圆环尺寸为 36mm 和 34mm，填充色为 10%black，无轮廓线，如图 3-101 所示。

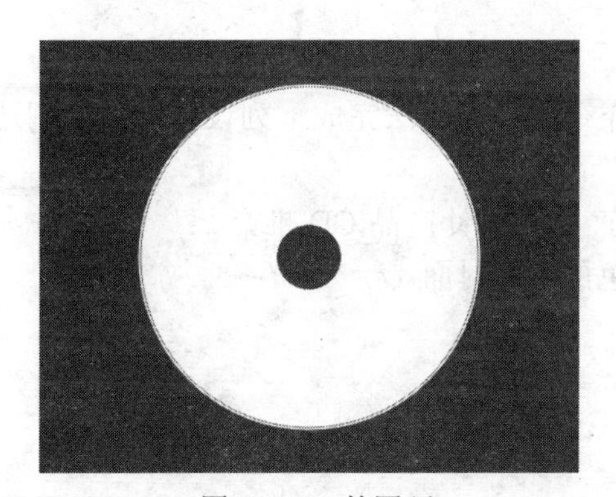

图 3-100　外圆环

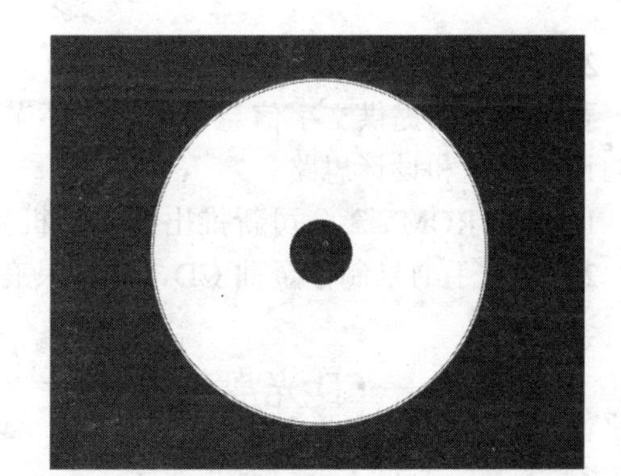

图 3-101　内圆环

6）导入辅助图片，调整大小和位置，选择“效果”→“精确裁剪”→“放置于容器”菜单命令，如图 3-102 所示。

7）导入标志图片，放置于合适位置。通过“排列”→“对齐与排布”，调整各图片的对齐位置，如图 3-103 所示。

图 3-102　导入辅助图片

图 3-103　导入标志

3.6.5 任务拓展

1. 临摹实例练习

要求：根据提供的效果图，运用 3.6.4 任务实施中介绍的工具及制作方法完成如图 3-104、图 3-105、图 3-106 所示作品。

图 3-104 练习 1

图 3-105 练习 2

图 3-106 练习 3

2. 自由设计实例练习

要求：根据提供文字信息，运用本章节中介绍的设计方法完成下列设计，并能阐述自己的设计主题和设计思路。

1）给“ROMY”公司新推出的计算机主板产品，设计产品 CD 推介。

2）给歌手羽泉制作金曲 CD，设计具有特色的 CD 封面。

3.7 任务 6——CD 光盘封套设计

3.7.1 知识储备

1. CD 产品包装的设计

CD 产品包装的设计主要是从内容、形式、结构、包装材料上进行再创造。作为设计师，不光要了解产品，还要了解产品所传达出的信息，要把这些信息提炼出来进行新的组合搭配创造，使其产生具有独特个性气质的包装设计。

（1）不同年龄层面对包装设计的要求　CD 产品的消费受众以年轻人为主，同时还有儿童和老年人。儿童 CD 包装设计色彩鲜艳，结构简单；老年人 CD 包装则需选择与年龄阶段相适应的图案化、民族化的包装设计。年轻人属于大部分 CD 产品的消费群体，色彩明快、结构多样、时尚新潮的包装设计是他们所追求的。掌握年龄阶段的特性可以明晰 CD 产品的不同需求，有助于设计师为所设计的 CD 产品进行定位，使设计满足于不同年龄受众的个性选择。

（2）不同产品内容对包装设计的要求　CD 产品包装设计会依据不同的产品内容进行不同的个性化设计。CD 产品内容如果是乐曲或者是以音乐为着眼点，那么不同的音乐特点有其完全不同的包装风格，比如：工业摇滚音乐的 CD 包装多采用插图式，色彩强烈，用来表现其音乐复杂的反叛性和个性宣泄，而黑色摇滚音乐的 CD 包装则更加突出乐手本身在造型上的神秘多变，而相对的蓝调、校园民谣、以及流行歌曲的设计感觉更倾向于明快、单纯和时尚，如图 3-107、图 3-108、图 3-109 所示。

图 3-107　乐器光盘封套

图 3-108　电影光盘封套

图 3-109　产品光盘封套

2. CD 包装设计注意事项：

1）盘面、封面、封底要打样。

2）检查样片。

① 颜色是否正常？

② 尺寸是否正常？

③ 出血线与折线是否正确？

3）条形码及条形码图一般放在封底，尺寸大小不小于原图的 80%。

4）封面明显位置一定要有 ISBN 号与条码号（如果申办了 ISBN 号与条码号的话此项一定要有，这是音响出版司明文要求）。

5）封面或封底要有出品单位与研制单位（公司）的字样。

3.7.2　任务情境

任务：在本任务中，为 3.6.4 任务中的产品光盘设计封套。

要求：

1）根据企业标志和标准字等，设计与标志风格统一的光盘封套。

2）光盘封套的设计要符合尺寸要求、色彩搭配简洁明了，同时光盘封套与光盘设计风格要统一。

3）根据产品的特点确定设计的风格、主题、色调；设计风格统一，突出独特的企业性质。

3.7.3 任务分析

1．设计软件分析

使用 CorelDRAW 软件中的文本工具、矩形工具、精确裁剪等工具进行设计。

2．设计思路分析

在光盘封套设计中，光盘与光盘封套设计要统一，突出企业的形象与风格，设计风格简练，以标志和辅助图形组合，体现品牌特色。

光盘封套设计尺寸

1）封面、封底单出：

封面尺寸：126.5mm×126.5mm（包括出血线，四周出血各 3mm）

封底尺寸：157mm×124mm（包括出血线，四周出血各 3mm）

折线宽为 7mm

2）封面、封底连片：

291mm×127mm（包括出血线）

折线宽为 10～11mm

3.7.4 任务实施

1．效果图展示（见图 3-110 所示）

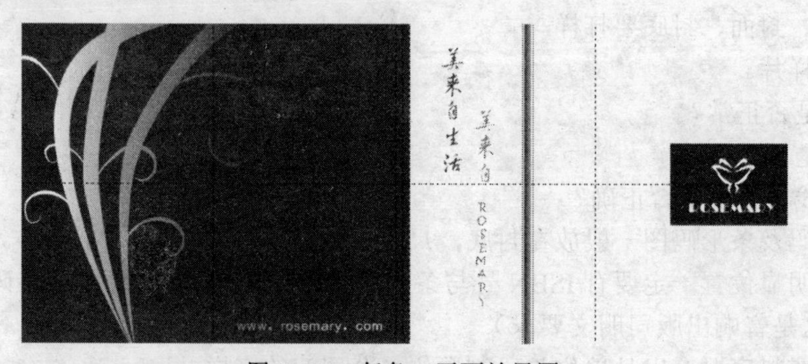

图 3-110 任务 6 平面效果图

2．步骤分析

1）新建文件，在属性栏中将页面设置为：宽度 290mm，高度 127mm；页面背景为白色。

2）在“查看”→“网格和标尺设置”菜单中，将页面的中心设置为标尺的零刻度，如图 3-111 所示。

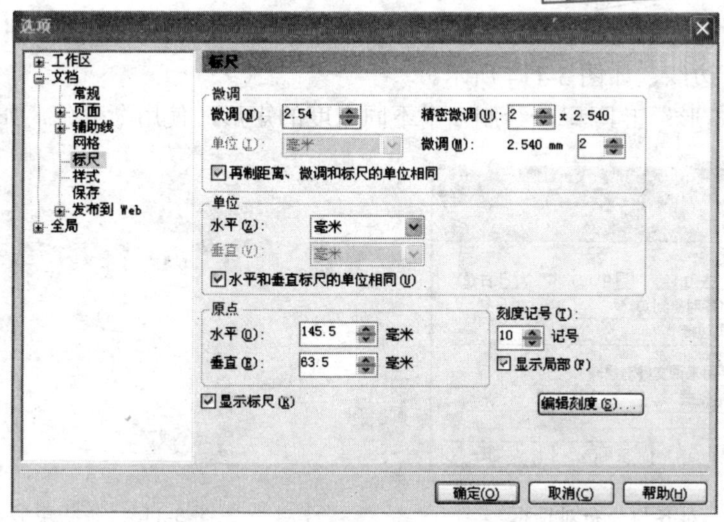

图 3-111　网格和标尺设置

3）根据包装各面的尺寸设置辅助线的位置，确定各个面的中心。具体设置方法为“查看”→“辅助线设置”，如图 3-112 所示。

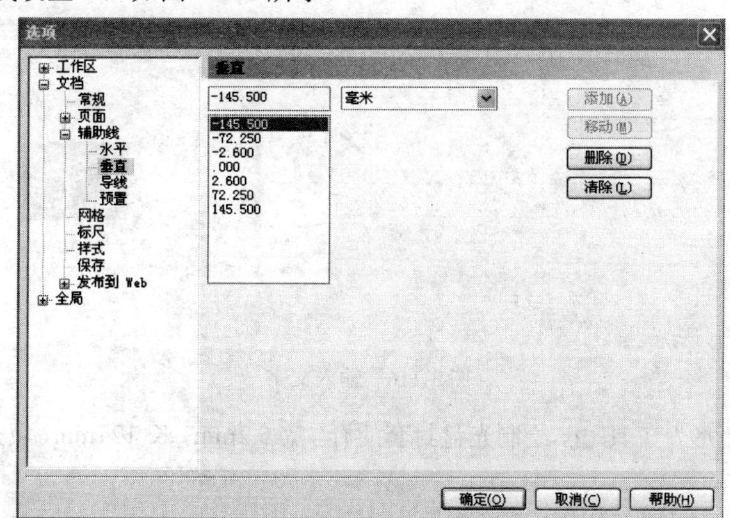

图 3-112　垂直辅助线参数

4）首先制作光盘封套封面，选择“矩形”工具，绘制宽 45mm，高 32mm 的矩形，填充颜色为 M=100，同时导入产品标志，如图 3-113 所示。

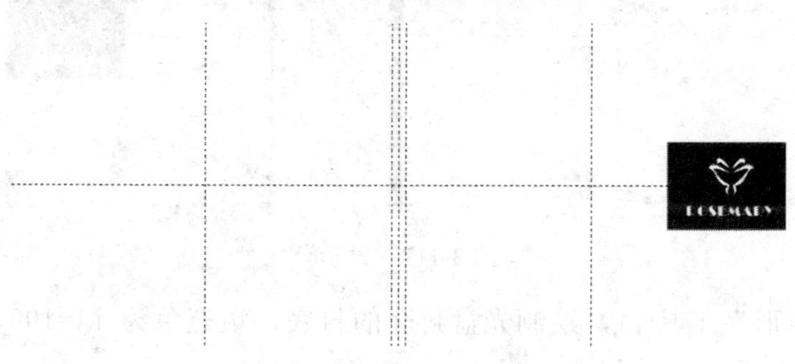

图 3-113　导入产品标志

5）将矩形和标志群组后，使用“排列”→“对齐和分布”→“对齐和属性”菜单命令，是图形对齐于页边缘，如图 3-114 所示。

6）选择“矩形”工具，绘制多个不同宽度的矩形，使用渐变色，如图 3-115 所示。

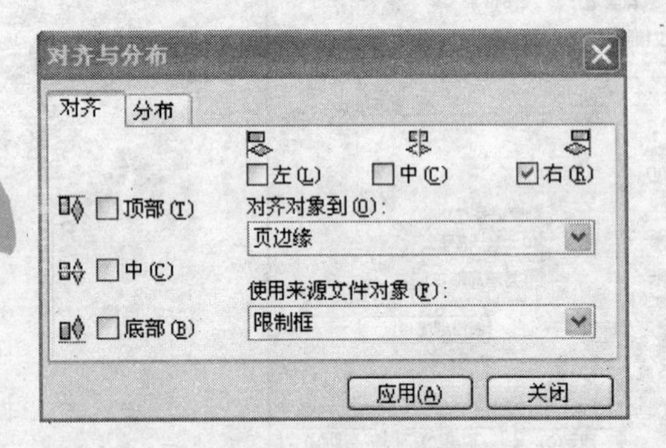

图 3-114　对齐与分布对话框

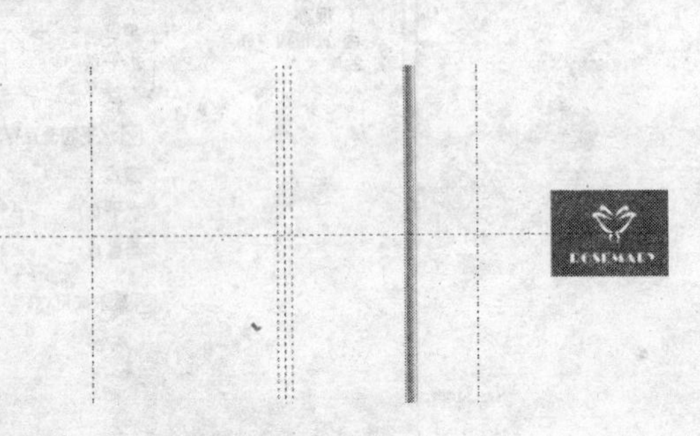

图 3-115　条状矩形

7）选择“文字”工具，输入文字，中文字体为“方正黄草”，英文字体为“Kristen ITC”，填充渐变色，如图 3-116 所示。

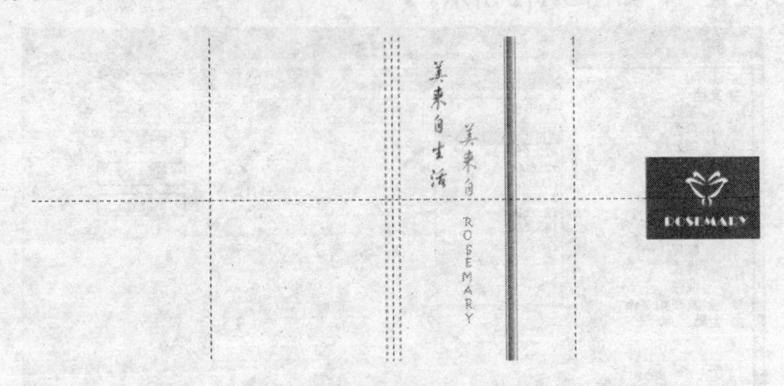

图 3-116　输入文字

8）选择“矩形”工具，绘制光盘封套的脊，宽 5.2mm，长 127mm，填充色为 M=100，如图 3-117 所示。

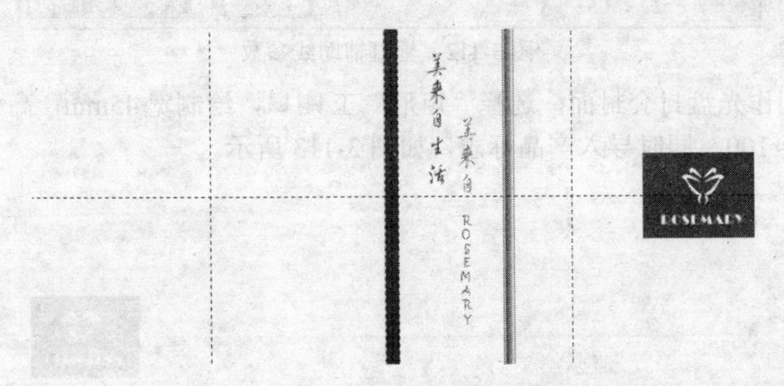

图 3-117　封套脊

9）选择“矩形”工具，绘制光盘封套的封底，填充色为 M=100，如图 3-118 所示。

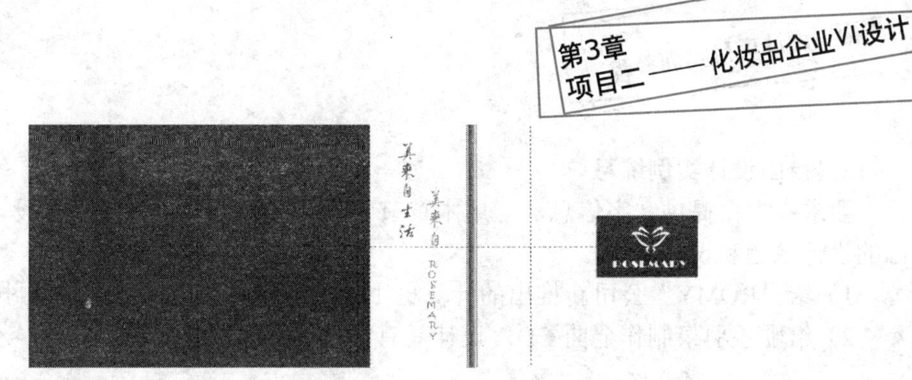

图 3-118　封套的封底

10）导入辅助图片，将图片旋转到合适角度，填充色为白色。使用“效果”→“精确裁剪”→“放置于容器”菜单命令，如图 3-119 所示。

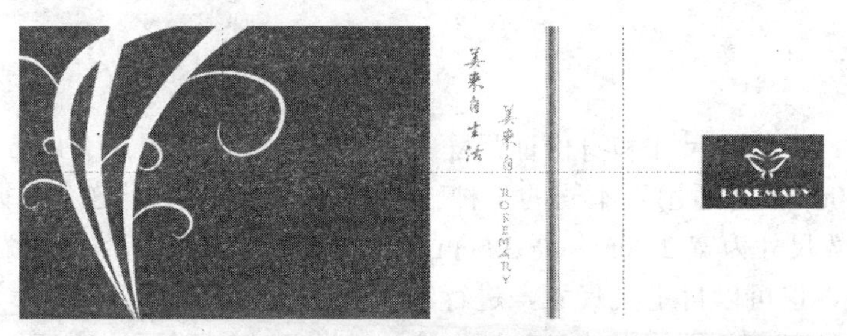

图 3-119　导入辅助图片

11）选择“交互式透明”工具，将辅助图形进行透明设置，并输入相关信息，如图 3-120 所示。

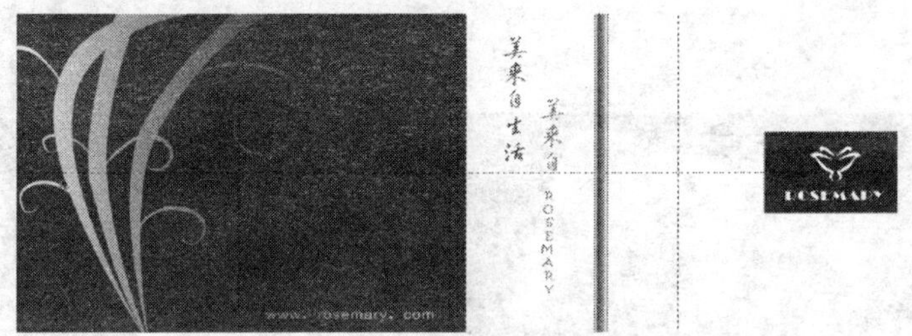

图 3-120　透明度设置

3.7.5　任务拓展

1．临摹实例练习

要求：根据提供的效果图，运用 3.7.4 任务实施中介绍的工具及制作方法完成如图 3-121、图 3-122 所示的作品。

图 3-121　练习 1

图 3-122　练习 2

2. 自由设计实例练习

要求：根据提供文字信息，运用本章节中介绍的设计方法完成下列设计，并能阐述自己的设计主题和设计思路。

1）给“ROMY”公司新推出的计算机主板产品，设计产品 CD 光盘封套。

2）给歌手羽泉制作金曲 CD，设计具有特色的 CD 光盘封套。

3.8 任务 7——工作证设计

3.8.1 知识储备

工作证尺寸：工作证尺寸和身份证尺寸基本相同。工作证尺寸有 9cm×6cm 的，还有一些是 15cm×10cm 的，适用于不同的工种。但里面的内衬应小于这个数据的 2mm。另外，1 寸的相片的有效尺寸为宽 2.7cm，高 3.6cm，以分辨率为 300 像素/英寸为准。当然，根据企业公司的需要，也可以自定义尺寸，进行制作。

工作证如同员工在单位使用的身份证一样，工作证上一般要注明证件号、姓名、身份证号、有效期等内容，如图 3-123、图 3-124 所示。

图 3-123 横式工作证

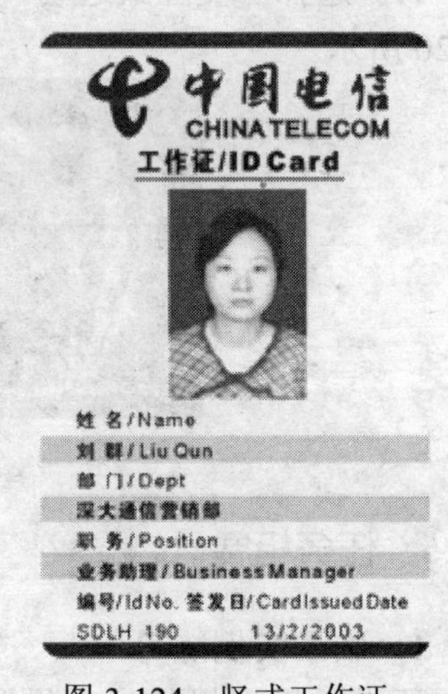

图 3-124 竖式工作证

3.8.2 任务情境

任务：在本任务中，为 ROSEMARY 公司的员工制作工作证。

要求：

1）工作证中员工信息要齐全，方便客户准确的识别。

2）工作证和产品标志等要风格统一，突出企业性质。

3）工作证的设计要体现出企业的风气，例如积极向上、青春活泼等。

3.8.3 任务分析

1．设计软件分析

使用 CorelDRAW 软件中的文本工具、矩形工具、精确裁剪等工具进行设计。

2．设计思路分析

工作证作为员工进出单位的证明，是身份的象征。同时，当员工在进行业务处理、客户接洽的时候，工作证既是员工身份的象征，又是企业形象的象征。因此工作证的制作也同样不能马虎。在本设计中，依然沿用前面所使用的标志和辅助图形进行设计，达到风格统一的要求：简单、清新、蓬勃的风格。

3.8.4 任务实施

1．效果图展示（见图 3-125）

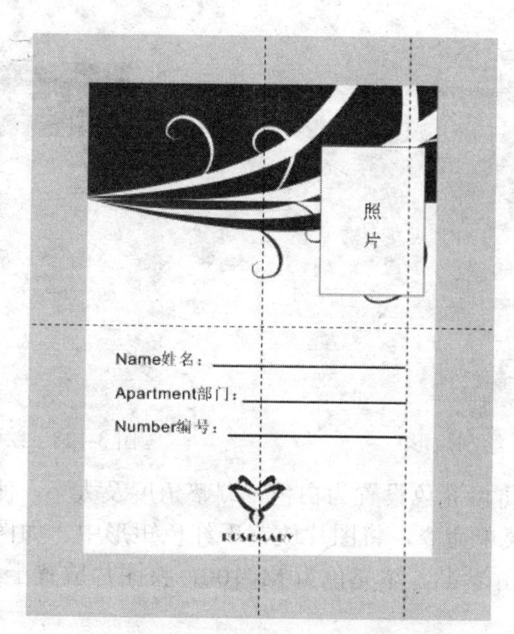

图 3-125 任务 7 效果图

2．步骤分析

1）新建文件，在属性栏中将页面设置为：宽度 120mm，高度 150mm；页面背景为 10%black。

2）在“查看”→“网格和标尺设置”菜单中，将页面的中心设置为标尺的零刻度，如图 3-126 所示。

3）选择“矩形”工具 ，绘制宽 90mm，高 120mm 的矩形，填充颜色为白色，无轮廓线，如图 3-127 所示。

4）绘制两个矩形，将工作证分割成两部分，如图 3-128 所示。

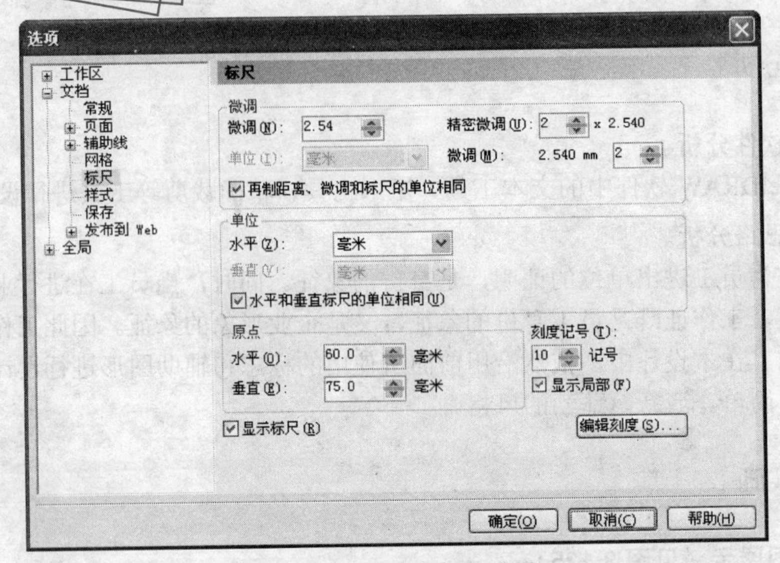

图 3-126 网格和标尺设置

图 3-127 绘制矩形

图 3-128 绘制多个矩形

5）导入辅助图片，将填充色设置为白色，调整角度及大小，使用“效果”→“精确裁剪”→“放置于容器”菜单命令，将图片放置于红色矩形中，如图 3-129 所示。

6）复制辅助图片，并粘贴，填充色为 M=100，将图片放置于白色矩形中，如图 3-130 所示。

图 3-129 导入辅助图片 1

图 3-130 导入辅助图片 2

7）选择文字工具字，输入相关信息，如图 3-131 所示。

8）选择矩形工具□，绘制宽为 0.167mm 的矩形，并复制多个，填充色为黑色，如图 3-132 所示。

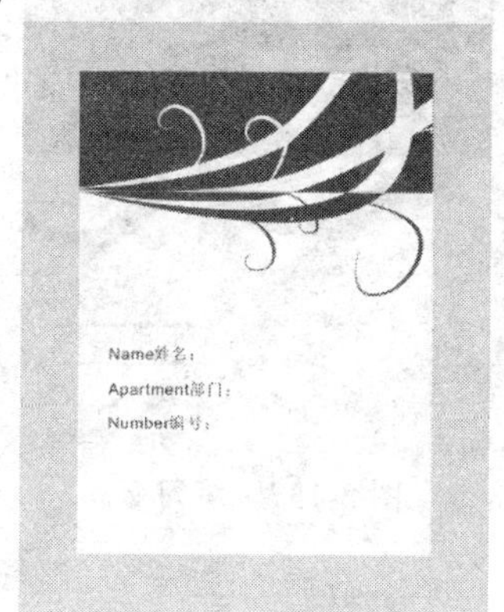

图 3-131　输入文字

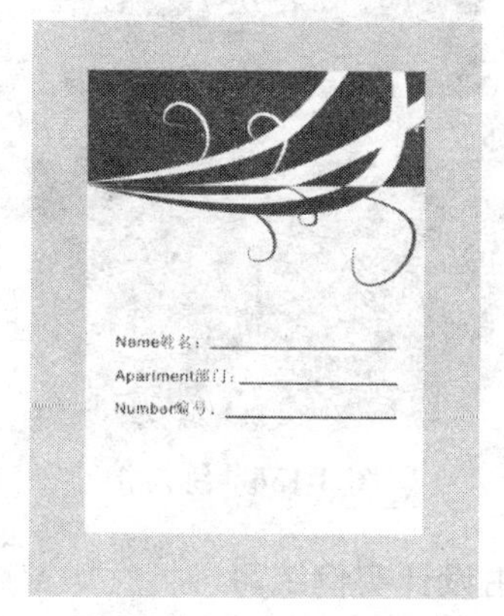

图 3-132　绘制条状矩形

9）导入标志，放置于工作证的底部，使用“排列”→“对齐与分布”中的菜单命令，进行对齐，如图 3-133 所示。

10）选择“矩形”工具□，宽度为 27mm，高度为 36mm，在“轮廓笔”对话框中，选择颜色为 10%black，线型样式是虚线，如图 3-134 所示。

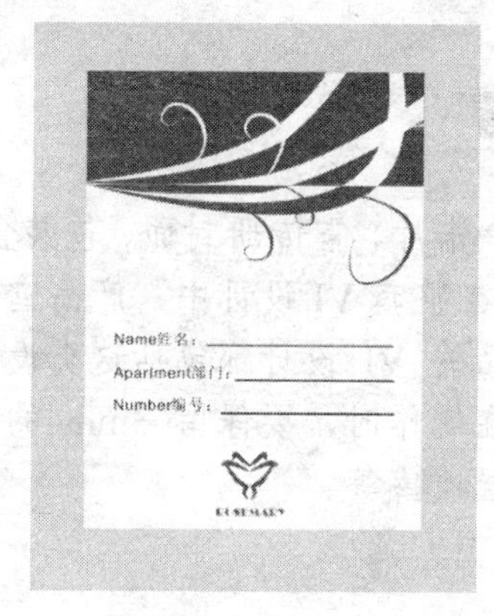

图 3-133　导入标志

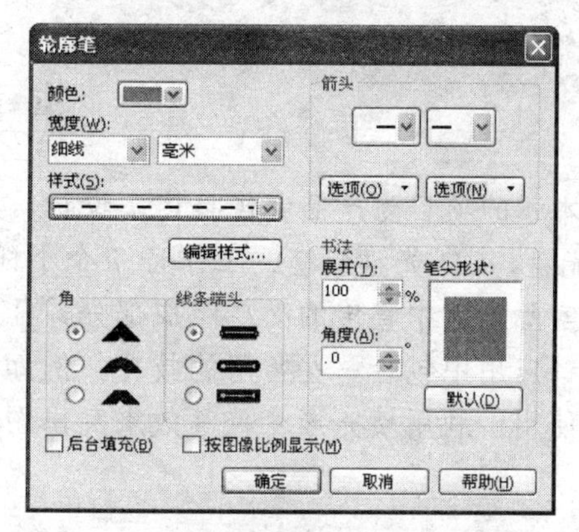

图 3-134　轮廓笔设置对话框

11）选择“文字”工具字，输入照片，并“属性栏”中设置“垂直排列文本”，如图 3-135 所示。

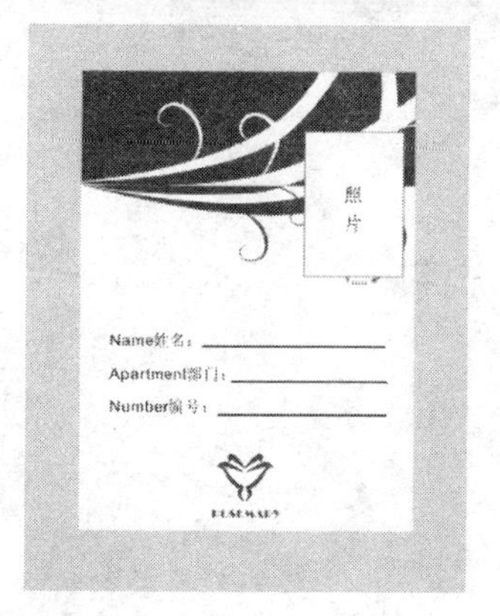

图 3-135　设置垂直排列文本

3.8.5　任务拓展

1．临摹实例练习

要求：根据提供的效果图，运用 3.8.4 任务实施中介绍的工具及制作方法完成如图 3-136、图 3-137 所示的作品。

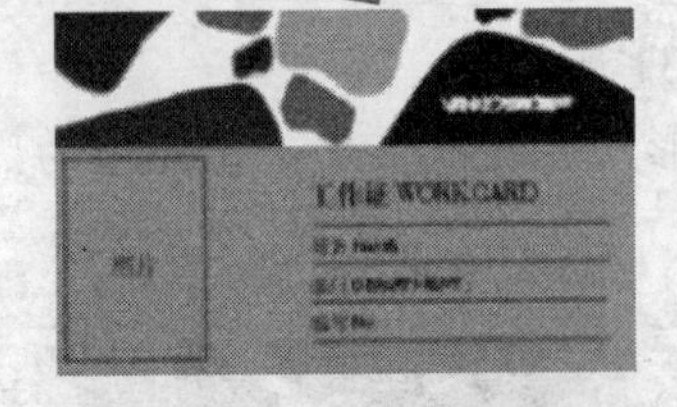

图 3-136　练习 1

图 3-137　练习 2

2．自由设计实例练习

要求：根据提供文字信息，运用本章节中介绍的设计方法完成下列设计，并能阐述自己的设计主题和设计思路。

1）给“东湾”房地产公司的员工制作工作证，要求能体现出企业品质第一、客户至上的服务宗旨。

2）给“Rmk”计算机销售公司的销售人员制作工作证。

本章小结

本章的项目为产品宣传推广类设计，具体由 VIP 卡片、宣传册封面、包装盒、手提袋、CD 光盘、CD 光盘封套、工作证 7 个小任务组成。在整套 VI 设计中，产品宣传推广类设计是实际生活中宣传的必要组成部分，几乎所有产品的 VI 设计都包括这类设计。在印刷品设计应用中包含一些常用的技巧。例如，印刷品在制作时，要保留 3mm 的出血，以供切割使用；利用填充渐变色等效果突出图像颜色的层次感等。

第4章

项目三——

餐饮企业VI设计

4.1 企业情况调研

4.1.1 企业概况

本章内容中虚拟的设计对象是一家连锁餐饮公司。

下面先让我们来了解一下绿镜餐饮公司。绿镜餐饮公司业务范围广泛，包括3家茶餐厅，6个市区销售门店。公司结构完整，经营理念处在同行的前列。公司在创业时期是以较小的休闲茶餐厅，由夫妻共同创建，现在已步入了稳步发展的阶段。

“绿镜餐饮”的经营理念如下。

1．服务快速、热情周到

服务能力是衡量一家餐饮业能力的重要依据，服务也是一个酒店存活的重要手段。现今，生活节奏越来越快，绿镜餐饮又将消费群定位为年龄18～35岁的年轻人。服务的迅速为提升顾客满意度，增加企业竞争力的保证。

2．顾客是上帝

餐饮业是依托了消费者而存活的，在经营餐饮业的时候经营目标应始终不渝地为顾客着想，把顾客奉为上帝。

3．整洁、明亮的店面

食品行业讲究卫生，一个干净、舒适、明亮的环境能给企业增色不少。在消费者心目中的印象也有一大部分来源于此。

4．结合其他有活力的公司

结合其他行业的公司，强强联手，不断增加企业价值。对企业的发展起到推波助澜的作用。

图 4-1　绿镜餐饮标志、标准字

4.1.2　企业标志、标准字

根据绿镜餐饮公司的经营理念，提出标志、标准字设计如图 4-1 所示。

4.1.3　项目任务

根据以上“绿镜餐饮”的标志、标准字，参考企业的经营理念设计如下任务。

1．员工制服类设计

（1）女员工制服设计（4.2 任务 1）

（2）工作牌设计（4.3 任务 2）

2．标识招牌类设计

（1）旗帜设计（4.4 任务 3）

（2）室外引导标识牌（4.5 任务 4）

3．公务礼品类设计

（1）广告伞设计（4.6 任务 5）

（2）广告笔设计（4.7 任务 6）

（3）宣传杯设计（4.8 任务 7）

在企业情况进行调研后，我们对企业的基本信息已经有了初步的了解，接下来将通过与客户的沟通，了解客户企业的性质和商品的特性，参考企业的形象战略，完成具体任务的设计工作。

下面章节将介绍根据企业已有的标志、标准字开始设计的各类用品，并就具体设计方法做详细说明。

4.2　任务 1——女员工制服设计

4.2.1　知识储备

1．制服的意义和作用

制服是企业的名片，从这句话可以感觉到制服无论对于员工还是企业都有非常重要的意义。

制服是融标志性、时尚性、实用性及科学性于一体的，具有行业特点和职业特征，能够体现团队精神和服饰文化的标识性的服装。

制服作为服装产业中的重要一支，越来越受到社会的重视，其在行业上的应用也越来越广泛，这是社会竞争和人们生活审美意识的提高，是自我宣扬的一种表示，代表一种无声的语言。同时，制服还有着重要的作用，主要表现为：

1）制服可以提高企业凝聚力。穿着制服能让公司员工彼此有更多的认同感，对企业增强归属感，从而提升企业和团队的凝聚力和战斗力。

2）制服可以树立企业形象。员工穿着制服既是个人形象的包装也是企业形象的体现，同时能给公司客户以更多的职业认同，从而增强客户对员工个人的认可和企业的信任。

3）制服可以创造独特的企业文化。制服虽然属于视觉识别的范畴，但是服装是穿在人身上，也能反映员工的精神风貌，体现出一种企业的文化内涵，比如深色调和保守的制服体现企业的稳健作风，而颜色和款式设计大胆的制服能体现企业的创新精神等。

4）制服可以规范员工行为。制服可以让员工迅速的进入工作状态，制服是自律严谨和忠于职守的体现，这无疑可以规范员工行为，增强纪律观念。

据一项调查结果表明，65%的人对制服持积极态度，28%的人对制服表示认同，只有7%的人认为穿不穿制服无所谓。由此可见，制服作用和意义还是很重大的。

2．制服的分类

（1）制服依据行业特点大致可以分为5大类：职业时装、职业制服、工装、防护服和校服。

1）职业时装（见图 4-2）。职业时装主要是指设计偏向于时尚化和个性化，穿着人员规范、整洁、美观、统一，通过将企业优秀文化统一的、有组织的、标准化的系统传播，能充分展示企业或部门形象，代表一种文化，形成内外的认同感，增加内部凝聚力，从而使企业或部门具有更强的竞争力和公信度。

图 4-2　职业时装

职业装一般在服装质地与制作工艺、穿着对象与搭配上有较高要求，表现为造型简约流畅、修身大方，但不强调职业装的特殊功能要求。

2）职业制服（见图4-3、图4-4）。职业制服为有特殊功能要求的职业装，应用范围非常广。包括：商业性（工厂、商场、航空、铁路、海运、邮政、银行投资、旅游、餐饮、娱乐、宾馆酒店等）；执法行政与安全（军队、警察、法院、海关、税务、保安等）；公用事业与非赢利性（科研、教育、学生、医院、体育等）。

图 4-3　职业制服

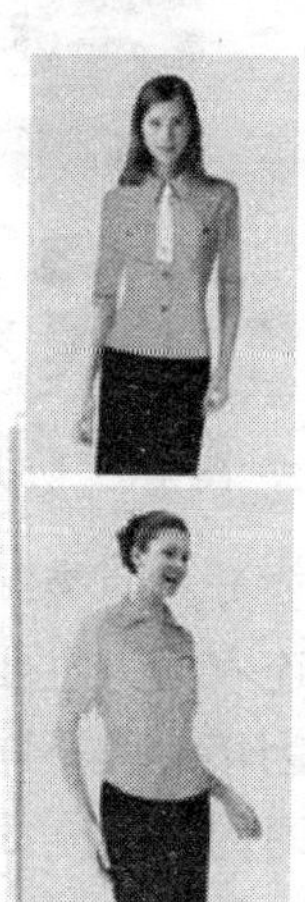

图 4-4　职业制服

对于职业制服，首先应强调的是标志性与统一性，其次是功能性。标志性与统一性体现在行业要求上，不同的行业需要有与众不同、能鲜明体现行业特征的制服。

功能性则主要体现在工种需要和穿着者感受上。合理的职业装设计与材料运用，不仅能起到防护作用，提高安全性，更能使穿着者感觉舒适，从而提高工作效率。例如军服，就要因为军人的职业需要，增加军服的抗磨擦、拉伸及阻燃的性能；而校服就要重点从抗磨擦和环保安全上考虑，颜色要亮丽、丰富，款式也要简洁、活泼。

3）工装（见图 4-5）。工装运用的范围非常广泛，其重点应考虑功能性、安全性，辅以实用性和标志性。工装的适用范围一般包括一线生产工人和户外作业人员等，其对工作着装的功能性要求非常高。如在野外作业的石油工人，其工装不仅要适应在沙漠环境中的视觉突出性，还要具有防油污、防水、防寒、防尘、防火和防化学侵蚀等特殊功效。

图 4-5　工装

4）防护服（见图 4-6）。防护服其实是基于工装改进而来的一种适用特殊要求的服装，其在具有一般工装的功能基础上，特别强调其防护作用，这主要是基于特殊工作环境的安全需要。

防护服的技术要求主要包括：防静电、抗紫外线、防化学腐蚀、防核辐射、防电磁波、耐高温、阻燃、防生化、防水拒油等。

5）校服（见图 4-7）。学校学生统一着装，由来已久。设计新颖的校服，不仅能给社会公众树立管理规范、治学严谨的学校形象，还能培养学生的集体荣誉感、团队精神，从而激发内在潜能，好学上进。教师统一制服亦能给学生一种管理规范、尊师重教的引导。

图 4-6　防护服

图 4-7　校服

校服主要分为两类：一类是运动类校服，以 T 恤、针织运动衫为主；另一类是西服类变形，以西服连衣裙为主要原素变化，如百褶裙、连衣裙、衬衣、西服外套等。

校服又因年龄段不同而分为小学、中学、大学类校服，各个教育阶段因学生心理成熟程度不同、学习内容不同而对校服有不同的要求。小学校服要鲜艳活泼、花样多变，中学校服要朝气蓬勃、动感十足，而大学校服则更趋向于成人化。

2）按其所选用的材料不同可分为：纯纺织物，混纺织物、裘皮及其他材料制服。

纯纺织物有天然纤维的棉、麻、毛、丝；化学纤维的粘胶、绦纶、锦纶、腈纶、氨纶、丙纶、氯纶、特氟纶等。混纺织物是指以上各种材料中两种及其以上混和而纺织成的织物。裘皮制服分天然裘皮及人造裘皮两类，天然裘皮包括动物毛皮及皮革两类；人造裘皮包括长毛绒驼绒、植绒、人造革、合成革及其他化学革等；其他材料主要指各种木质、甲壳质、塑料、金属等。

3）制服按气候不同可分为季节性、地域性、气象性3大类。季节性制服可分为冬、夏、春秋制服；地域性制服可分为寒带、热带、温带制服；气象性制服又可分为防寒、避暑、挡风、遮雨、抗辐射等制服。

4）制服按其功能不同可分为防护，装身标识，系扎及卫生用制服和附属品。防护性制服包括耐气候、保护及特殊用制服。此外还有相应的附属品，如围巾、头巾、眼镜、防护面具、耳套、手套和鞋靴；装身用制服可分为社交用、作业用、仪礼用等，相应则配有领带、领结、授带、钩和扣等；系扎用附属品有绳、带、腰带、皮带等；标识用附属品包括臂章、徽章、领章、胸章、标号和缎带等；卫生用有手帕、口罩、手套、护肩、护腰、护膝、护脚等。

5）制服按人体不同分为性别类、着装类和部位类服装。性别不同包括男装、女装及通用装；着装不同有外套、夹衣、内衣、上衣下装和连体装；部位不同又有首服、躯干服、手套、袖套等。

6）制服按其款式结构不同可分为：贴身与宽松型、紧缚与开放型、前开、侧开、背开与套头型、分离与连体型等不同的职业服。

制服的分类方法还有其他分类法。如按覆盖状态分、按色彩及图案不同分、按制作方法分等。

3．服装的尺寸

服装没有详细尺寸数据因为没有两个人长的一样，但每一款服装都有依据，从而算出来的（见表4-1、表4-2、表4-3）。

表4-1　男式服装尺码表　　（单位：cm）

分　类	身　高	胸　围	腰　围	臀　围
小码	165	84	75	88
中码	170	90	81	90
大码	175	96	87	92
加大码	180	102	93	10

表4-2　女式服装尺码表　　（单位：cm）

分　类	身　高	胸　围	腰　围	臀　围
小码	155	80	60	84
中码	160	84	64	88
大码	165	88	68	92
加大码	170	92	72	96

表 4-3　儿童服装尺码表　（单位：cm）

分　类	身　高	胸　围	腰　围	臀　围
小码（0～2岁）	80	50	40	55
中码（2～4岁）	110～110	55	42	60
大码（5～7岁）	110～130	60～65	44	65～70
加大码（7～10岁）	140～150	70	46	75

总体来说，制服作为服装产业中的重要一支，越来越受到社会的重视，其在行业上的应用也越来越广泛，这是社会竞争和人们生活审美意识的提高，是自我宣扬的一种表示，代表一种无声的语言。

4.2.2　任务情境

任务：为“绿镜餐饮公司”的店堂女员工设计一套工作制服

要求：

1）根据本章设计的标志及标准字，设计与标志风格统一的制服。

2）根据企业的行业特点与快餐精神，确定制服的风格、款式、颜色。

3）制服的设计要做到大小合适、标准色搭配清爽精神。

4）由于制服面对的服务对象为年轻顾客，要建立快捷、时尚、温馨的形象。

5）设计中尽可能将现有的公司的标志色彩搭配到制服设计中。

4.2.3　任务分析

1. 设计软件分析

首先要有位图和矢量图两方面的软件。画图的话可以用矢量软件 Illustrator、CorelDRAW。效果的话可以用位图，众所周知的 Photoshop、Printer，绘图功能强大。

在本任务中笔者使用的 Illustrator。

2. 制服制作注意有下列几项

1）款式：如果企业还没有定好款式，我们首先想到的是，要做一个什么样的服装呢？是长袖还是短袖；是长裙或短裙；是制服或 T 恤。如果企业已有特定的服装款式，我们就将服装纸样扫描到计算机中，作为依据勾画路径。

2）材质：面料要好。用来为商界人士制作制服的面料，应当尽可能地选择精良上乘之物。在一般情况之下，本着既经济实惠，又美观体面的方针，应当优先考虑纯毛、纯棉、棉毛、棉麻、毛麻、毛涤等面料。

3）颜色：色彩要少。统一制作制服时，切不可使其色彩过于繁多或过于杂乱。不然看起来色彩杂乱无章，无益于维护本单位的整体形象。所以，从总体上讲，制服的色彩宜少而不宜多。

4）另外在校稿时须特别注意一些细节，如图案颜色、衣服的颜色、图案的小细节及文字内容是否有错等，免得设计交给厂家制作后才发现问题，后悔莫及。

4.2.4 任务实施

1．效果图展示（见图 4-8）

图 4-8 任务 1 效果图

2．步骤分析

1）打开 Illustrator 软件，在文件菜单中新建文件，文件名为“女员工制服”。

2）用钢笔工具勾画一侧的图形，由于服装基本上是左右对称的，故这里先勾画一侧就可以啦。大家对于钢笔工具的使用已经比较熟悉了，这里就不再详细介绍如何绘制服装路径了，如图 4-9 所示。

3）用选取工具选中图标，在颜色面板中设置填色颜色为 R：245、G：245、B：105。笔画颜色选择黑色，轮廓宽度为 0.25pt，如图 4-10、图 4-11 所示。

4）按住<Ctrl+C>组合键，复制图形，按住<Ctrl+C>组合键粘贴图形，然后用反相工具作反射，反相的角度设置为垂直的 90°，如图 4-12 所示。

图 4-9 勾勒右侧服装路径

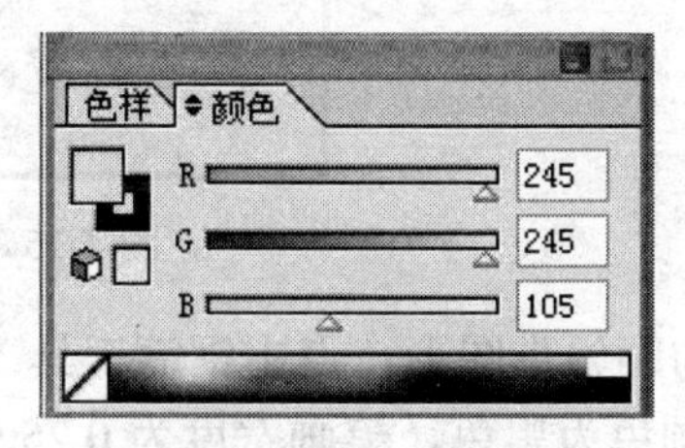

图 4-10 “颜色”面板

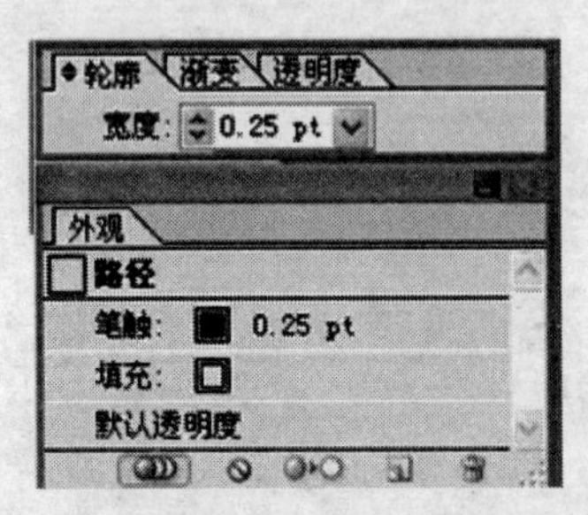

图 4-11 “轮廓”面板

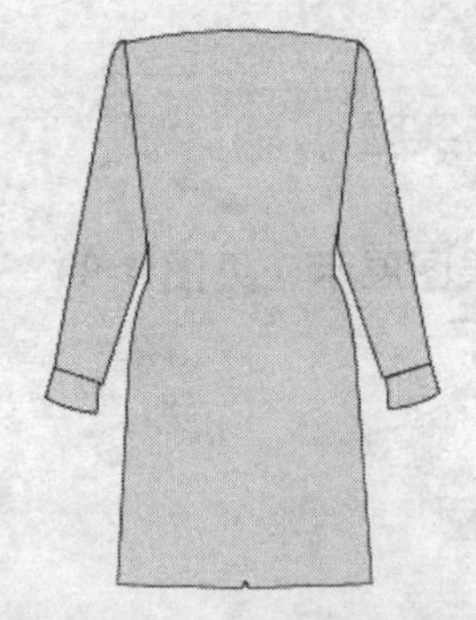

图 4-12 复制并反相服装轮廓

5）用选取工具选中服装身体部分，在“对象”→“路径”面板中选择“连接”。

6）合并左右两边图像之后，用钢笔工具画出衬衫的衣服图形（见图 4-13）和衬衫后部的左边衣领部分（见图 4-14）。选中衣领按<Ctrl+C>组合键复制图形，按<Ctrl+C>组合键粘贴图形。

图 4-13 绘制衬衫后部

图 4-14 绘制衣领

7）再次用反相工具作反射，反相角度设置为垂直 90 度，如图 4-15 所示。

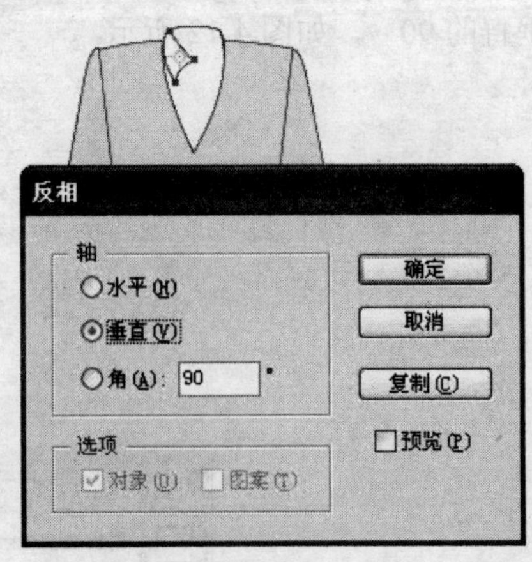

图 4-15 “反相”面板

8）然后勾画领带图形，点击钢笔工具，在颜色面板上设置颜色为 R：50、G：165、B：35，笔画颜色为黑色，笔画宽度为 0.25pt，如图 4-16、图 4-17 所示。

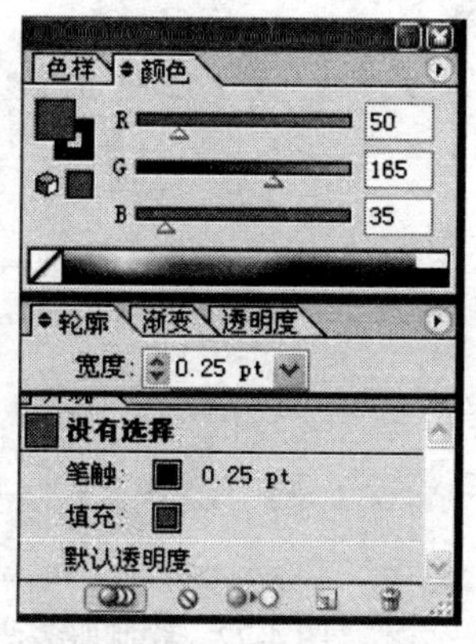

图 4-16 “颜色”面板

图 4-17 绘制领带

9）勾画黄色衣领部分，先画出左边衣领，然后按住<Alt>键，按下鼠标左键同时移动鼠标，将屏幕界面中的衣领托拽出来移动到指定位置，之后松开鼠标，使用反相工具作反射，反相角度设置为垂直 90 度，如图 4-18、图 4-19 所示。

图 4-18 “反相”面板

图 4-19 绘制外衣衣领

10）勾画腰带图形，点击钢笔工具，勾画出腰带图形（见图 4-20）后，使椭圆工具勾画黄色腰带，首先制作纽扣，按住<Shift>键，按住鼠标左键移动，做完合适大小的纽扣后，按住<Alt>键同时按下鼠标左键同时移动鼠标，如复制衣领一般，复制出 3 个纽扣，如图 4-21 所示。

图 4-20 绘制腰带

图 4-21 绘制扣子

11）勾画服装上右侧所需要的线条和形状，参考第7步的方法，复制线条并作反射，反射角度也设置为垂直90度，如图4-22所示。

图4-22　绘制服装两侧线条

12）用钢笔工具，勾画其余线条，然后用直接选取工具，选中左侧黄色衣领下方的描点，调整衣领，把右边衣领隐藏在左边衣领下方。结合选取工具调整其他部分细节。

13）用选取工具，圈选所有图形，设置笔画宽度为0.25pt，如图4-23所示。

14）最后，把本案的标志和标准文字置于服装上。至此，女制服就全部完成了，如图4-24所示。

图4-23　调节轮廓粗细

图4-24　放置标志

4.2.5　任务拓展

1．临摹实例练习

要求：根据提供的效果图，运用4.2.4任务实施中介绍的工具及制作方法完成如图4-25、图4-26、图4-27所示的作品。

图4-25　练习1

图4-26　练习2

图4-27　练习3

2. 自由设计实例练习

要求：根据下面提供文字信息，运用本章节中介绍的设计方法完成下列设计，并能阐述自己的设计主题和设计思路。

1）给一个名为“甜蜜蜜”的食品公司设计女员工所用的店堂服装。

2）给一家名为“康才”的教育机构员工设计所用的制服。

4.3 任务 2——工作牌设计

4.3.1 知识储备

1. 工作牌的意义

大公司为了方便管理,每个员工会使用工作牌。一方面对外展示企业形象，另一方面让员工看见佩带的工作牌就意识到自己是企业的员工，有一种自豪感与约束力。同时它也是企业文化的透露。

2. 工作牌制作

材料

1）“亚克力”，如图 4-28 所示。

图 4-28 亚克力

这个词也许听起来很陌生，因为它是一个近两年来才出现的新型词语。直到 2002 年，它在广告行业、家具行业、工艺品行业才渐渐被少数人了解。“亚克力”是一个音译外来词，英文是 ACRYLIC，它是一种化学材料。

亚克力特性：

极佳透明度：无色透明有机玻璃板材，透光率达 92%以上。

优良的耐候性：对自然环境适应性很强，即使长时间在日光照射、风吹雨淋也不会使其性能发生改变，抗老化性能好，在室外也能安心使用。

无毒：即使与人长期接触也无害，还有燃烧时产生的气体不产生有毒气体。

2）PVC。全名为 PolyVInylchlorid，它是当今世界上深受喜爱、颇为流行并且也被广泛应用的一种合成材料。它的全球使用量在各种合成材料中高居第二。在可以生产三维表面膜的材料中，PVC 是最适合的材料。

3）吸磁材料。吸磁材料是一种隐性材料。非凡开放式和吸磁式工作牌设计独特。针对人员流动性较大的企业度身定做，可以重复使用，随时更换图案，牢固便携，使用方便。

全新的工作牌可以采用吸磁式和别针式双重设计。突破了传统的工艺，无损衣物，无伤皮肤，更方便，更安全。

4）LED 电子（LED-BADGE）。是近年来推出的一款全新产品，LED 电子工作牌是通过单片机控制，从计算机 USB 接口直接实现用户输入信息的展示。它一改传统胸卡固定、呆板的面孔，用高科技的手段赋予新的生命。给工作牌带来一场革命性的变化。它时尚、新颖、信息量大、表现方式多样。在喧闹的卖场、拥挤的人群中，身上佩有 LED 电子胸卡将会成为众人注目的焦点。

像素有：5×19、7×21、7×23、7×24、12×38、12×40 等多种规格。可随时通过手动或计算机对其编辑，并有多档速度、亮度及显示方式供客人选择，目前能满足世界各国文字要求。

3. 工作牌尺寸（见表 4-4）

表 4-4　工作牌尺寸表

规　格	长/cm	高/cm
大	6	3
中	4	1
小	3	1

除以上尺寸外，也可以根据用户需要自行设计尺寸及形状，如图 4-29、图 4-30、图 4-31 所示。

图 4-29　工作牌 1

图 4-30　工作牌 2

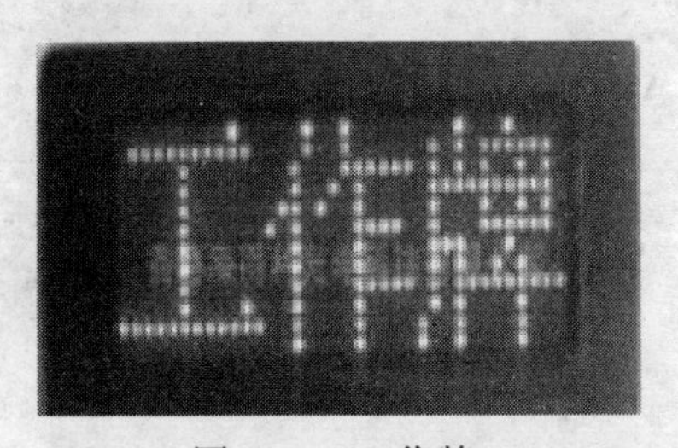

图 4-31　工作牌 3

4.3.2 任务情境

任务：为“绿镜餐饮”的员工设计一个工作牌

要求：

1）根据提供的标志及标准字，设计与标志风格统一的工作牌。

2）根据服务行业的服务精神，工作牌中需出现工号、职位和姓名。

3）工作牌的设计要做到行业风格突出、标准色运用准确，色彩搭配和谐并且醒目，起到让人过目不忘的效果。

4）设计中尽可能将现有的公司的标志造型运用到工作牌设计中，并且要做到与公司现

有的标志相互呼应，给人视觉上的美感。

4.3.3 任务分析

1．设计软件分析

虽然一切的 VI 设计都可以用计算机完成，但是建议大家在实际操作之前，可以先不受限制的用手工绘制草图，然后再用计算机进行排版、定色、定字体、定字号。常用的图形图像制作软件均可用于设计名片。首选是设计软件 CorelDRAW、Photoshop，这两个软件是比较常用的，另外还有类似于这两种软件的是 Illustrator、Freehand。同时，一些流行的办公软件也可进行名片设计。

在本任务中笔者使用的 Adobe Illustrator。

2．设计思路分析

所谓工作牌设计思路是指设计者在设计名片之前的整体思考。一个工作牌的构思主要从以下几个方面考虑：工作牌持有人的身份及工作性质，工作单位性质，工作牌持有公司的意见，制作的技术问题，最后是整个画面的艺术构成。工作牌设计完成后是与工作服结合使用的，所以要考虑工作服的颜色，构图等因素。工作牌在个人整体形象中所占面积不是很大，却起着传达个人信息的重要作用。且最终以艺术构成的方式形成画面，所以工作牌的艺术设计就显得尤为重要。

设计一个小小的工作牌看似简单，但要做一个吸引人眼球，且和服装搭配的作品是很不容易的。那么怎样才能设计出更好的工作牌呢？关键就是创意了。首先要考虑工作牌的组成要素。一个工作牌隐含着哪些要素呢？把持有者的个人身份、工作性质、单位性质、单位的业务行为及业务领域接触人群的年龄及审美等做全面的分析。这个工作牌的持有人的工作单位是餐饮公司，工作性质是服务行业，个人身份是某一个前台服务的主管，接待人群是 15~35 岁左右的年轻人。这种工作牌设计的思路就应该明确，有明显的层次，色彩鲜明而线条柔和，构图可较为跳跃。因此在设计时使用标志上的圆形形状，像一个餐盘，又像一张笑脸。将此图形嵌于四周，同时也将视线集中到工作牌中间，分别用于显示工作牌使用者的姓名、工号、职务等。

3．设计注意事项

工作牌的设计相对于其他任务的设计相比布局比较简单，但是要注意，再精美的工作牌如果不能代表个人，代表企业，也就实现不了工作牌功能。所以在为餐饮企业设计工作牌时一定要注意一下流出文字信息的位置。

4.3.4 任务实施

1．效果图展示（见图 4-32）

图 4-32 任务 2 效果图

2．工作牌制作步骤分析

1）打开 Illustrator，新建文件，文件大小最好大于工作牌的大小，这里设置为 80mm ×60mm；名称为“工作牌”；颜色模式为“RBG”（如图 4-33 所示）；

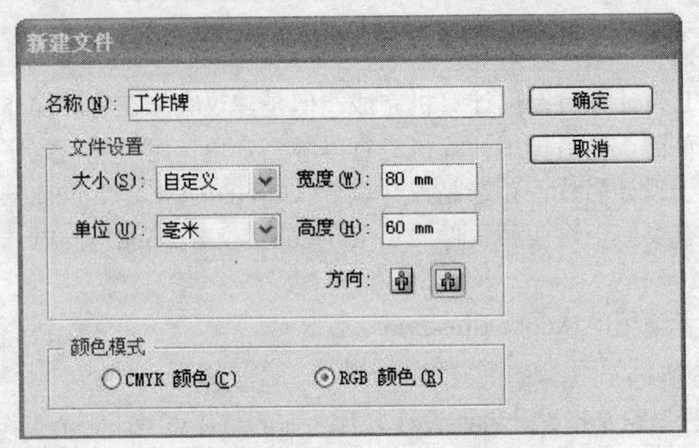

图 4-33 “新建文件”对话框

2）运用矩形工具，绘制一个矩形，将其长高设置为 80mm ×30mm，在颜色面板中设置填色颜色为白色，笔画颜色选择黑色，轮廓宽度为 0.25pt（如图 4-34、图 4-35 所示）；

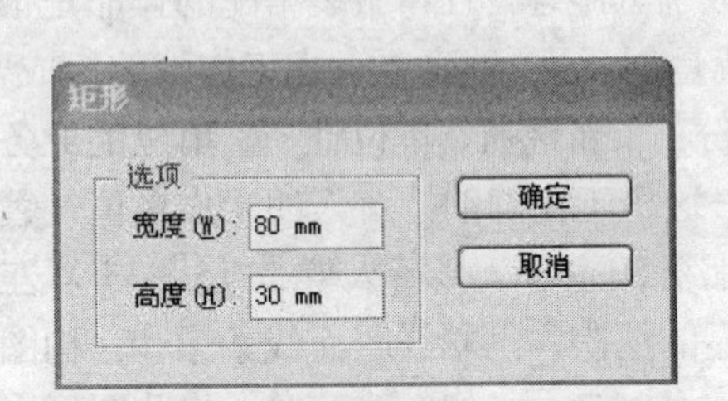

图 4-34 “矩形”对话框

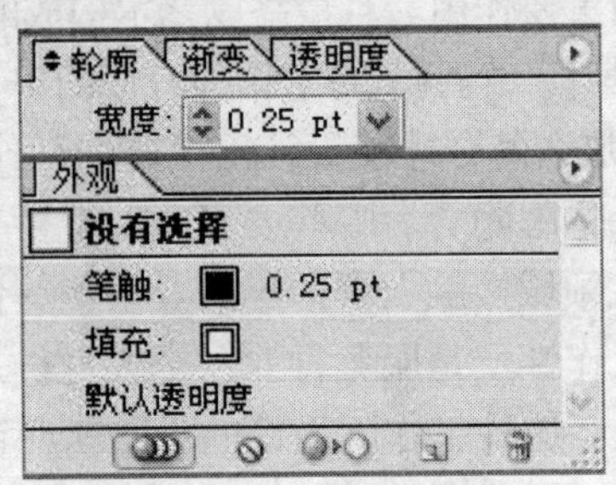

图 4-35 “轮廓”面板

3）按选取工具选中矩形，<Ctrl+C>，<Ctrl+V>复制矩形，在颜色面板中设置填色颜色为 R：245 G：245 B：105，笔画颜色选择黑色（图 4-36、图 4-37 所示）；

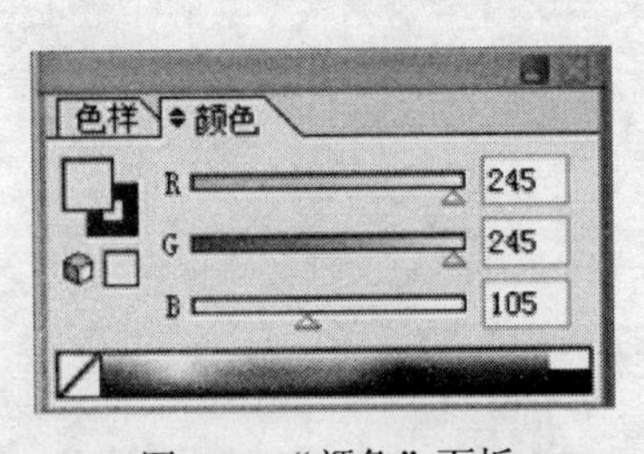

图 4-36 “颜色”面板

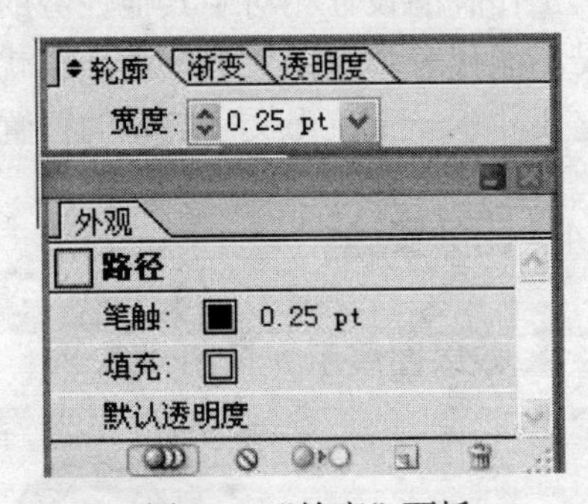

图 4-37 “轮廓”面板

4）然后按下鼠标左键同时移动鼠标，将矩形左边框中间的小正方形调整所复制矩形的宽度，如图 4-38 所示。

5）保存文件，并打开 Adobe Photoshop，在 Photoshop 中打开文件。

6）和标准文字置于工作牌左边上，如图 4-39 所示。

图 4-38　复制矩形

图 4-39　放置标志

7）点击右下方，新建图层，选择自定义形状工具，在属性栏中，选择下拉菜单，在图形中选择，如图 4-40 所示的图形。

8）在画面中按下鼠标左键同时移动鼠标，出现波浪图形，如图 4-41 所示，按<Ctrl+T>组合键，自由变形波浪大小及倾斜度，如图 4-42 所示，按住<Ctrl>键，鼠标点击变形边框左上方小正方形。这时就可以按下鼠标左键的同时来移动鼠标，确立一个点，从而改变图形形状。

9）在颜色面板中，输入 R：116、G：155、B：15，如图 4-43 所示，选择路径面板左下方的用前景色填充路径。

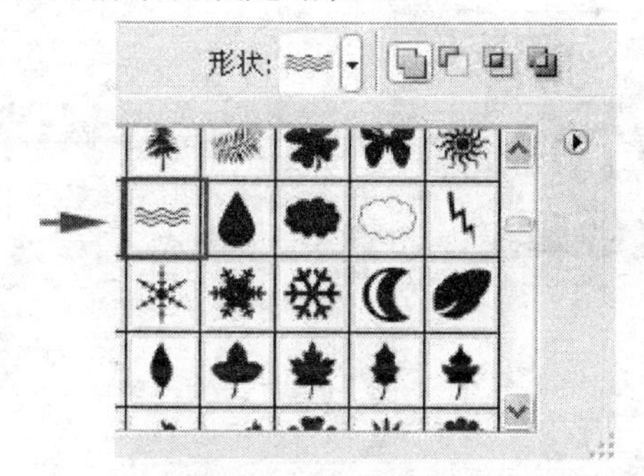

图 4-40　选择自定义形状

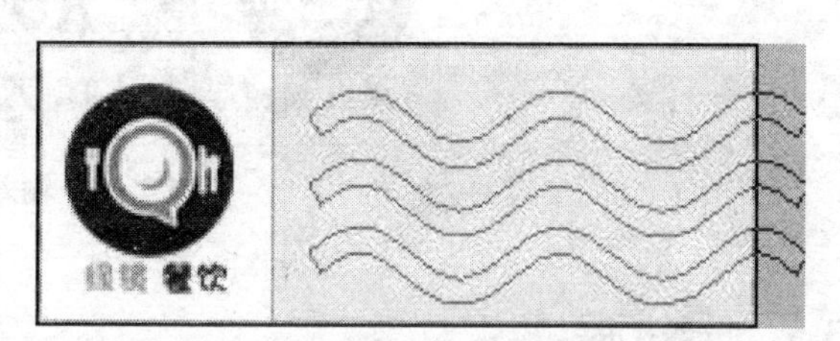

图 4-41　波浪图形

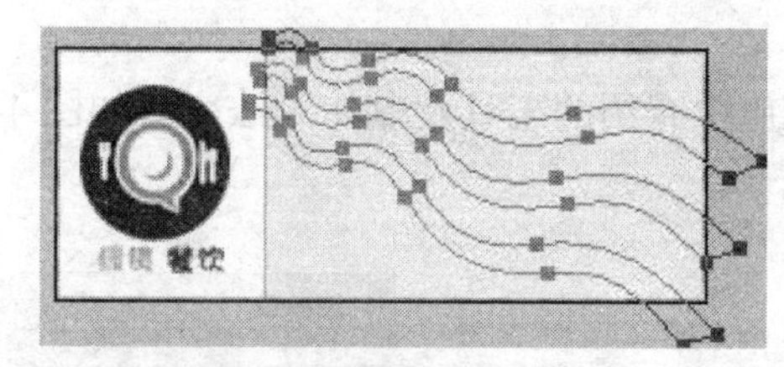

图 4-42　变形

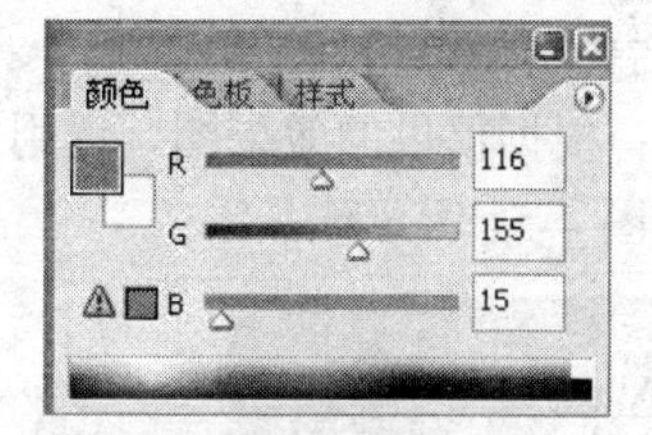

图 4-43 “颜色”面板

10）把图形不透明度调整为 50%，如图 4-44、图 4-45 所示。

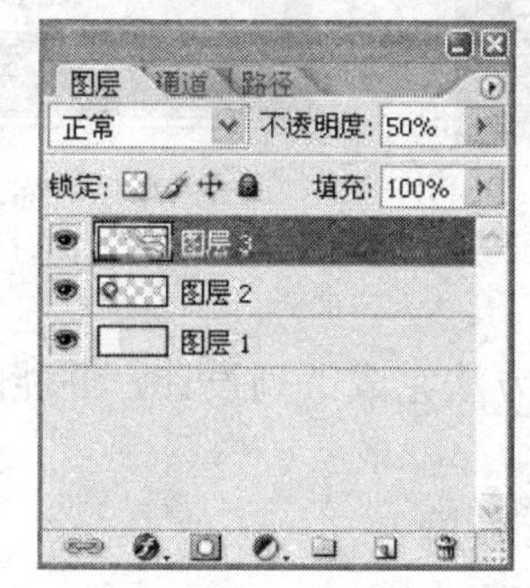

图 4-44 “图层”面板

图 4-45　调整不透明度

11）按住<Alt>键，按下鼠标左键同时移动鼠标，将屏幕界面中的图层 3 的“波浪”图形移动到如图位置，自动复制一个图层，改变不透明度为 30%，如图 4-46、图 4-47 所示。

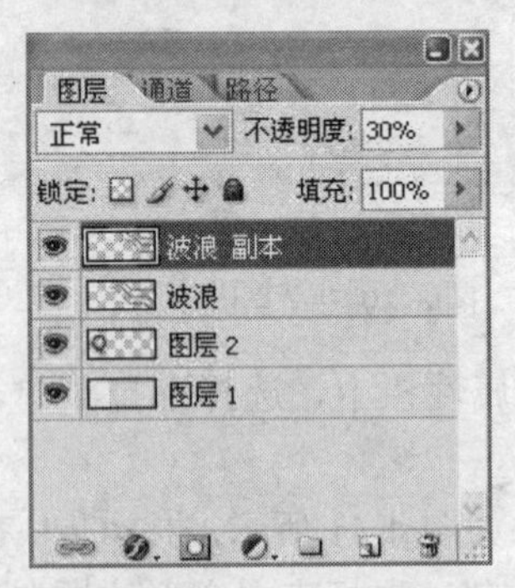

图 4-46 “图层“面板

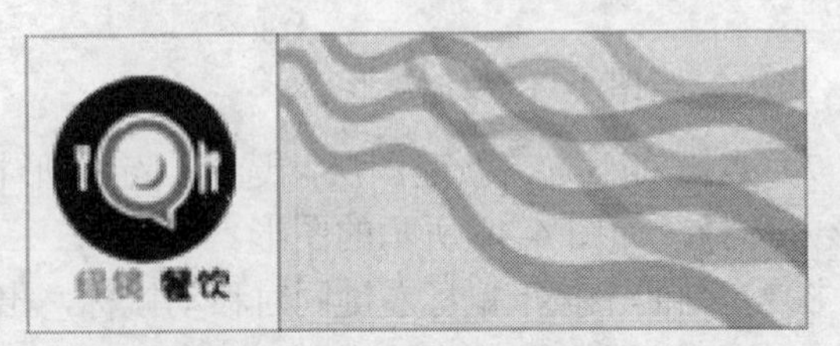

图 4-47　调整不透明度

12）选择文字工具 T.，插入信息文字，宋体，前两排 24 点，最后一排 18 点，黑色，如图 4-48 所示。

图 4-48　输入文字

4.3.5　任务拓展

1. 临摹实例练习

要求：根据提供的效果图，运用 4.3.4 任务实施中介绍的工具及制作方法完成如图 4-49、图 4-50、图 4-51 所示作品。

图 4-49　练习 1

图 4-50　练习 2

图 4-51　练习 3

2. 自由设计实例练习

要求：根据提供文字信息，运用本章节中介绍的设计方法完成下列设计，并能阐述自己的设计主题和设计思路。

1）给一个名为“诺亚”的服装公司设计员工所用的工作牌。

2）给一家名为“诚品林”的电器公司设计员工所用的工作牌。

4.4 任务3——旗帜设计

4.4.1 知识储备

1. 旗帜的意义

公司旗帜表示公司及所属公司所在地，是本公司的重要迎宾装饰，也是公司在对外大型活动场所的首要象征标识。旗帜是企业对内、对外情报传达的大众化媒体之一，是企业的脸面，旗帜不仅具有指示和引导功能，同时也是企业的象征。一般社会大众和消费者，往往是以接触企业的招牌、旗帜认知企业的，因此它们是打开企业知名度的重要手段。由于这种媒体应用在企业工作、生产、销售、展销、展览等场所，在传播企业信息的同时美化了城市环境，扩大了企业的知名度，也对社会文明建设做出了贡献。

企业旗帜与企业的办公用品一样是企业固有的媒体，他们时刻出现在企业的各种场所，处处表现出企业的文化和理念。可以说，具有两重的作用，不仅具有识别、美化的作用，而且向大众和员工传达了企业的信息，还美化了社会环境，提高了整个社会的文明水准。

2. 旗帜的分类

旗帜的分类比较多，按照不同的分类标准可以分为不同的类型，其中最常见的分类主要有以下几种：其中包括：

（1）公司旗帜（标志旗帜、名称旗帜、企业造型旗帜）（见图4-52）

（2）纪念旗帜

（3）挂旗（见图4-53）

（4）促销用旗（见图4-54）

（5）谈判旗（见图4-55）

（6）庆典旗帜（见图4-56）

（7）串旗（见图4-57）

（8）奖励旗

图4-52　公司旗帜

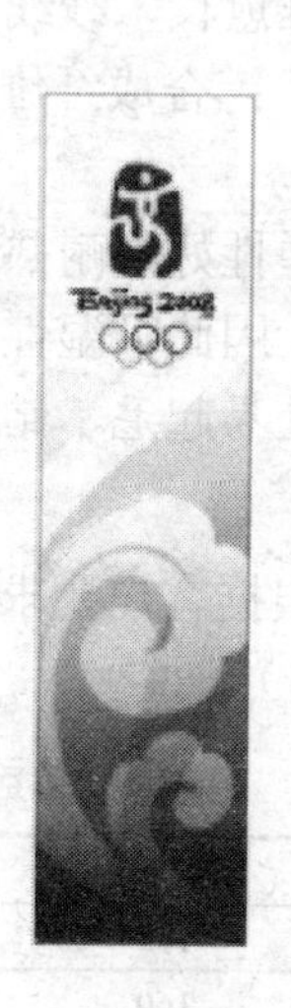

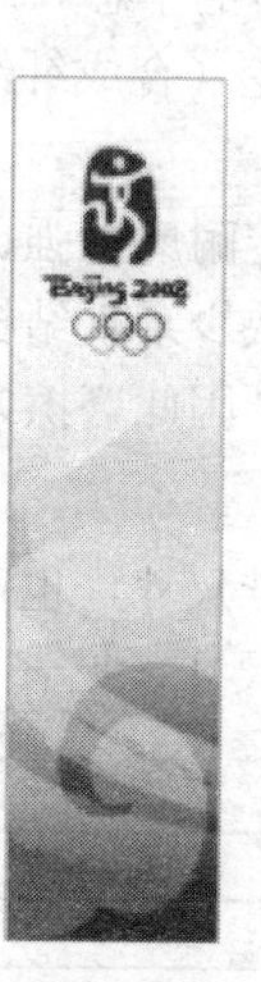

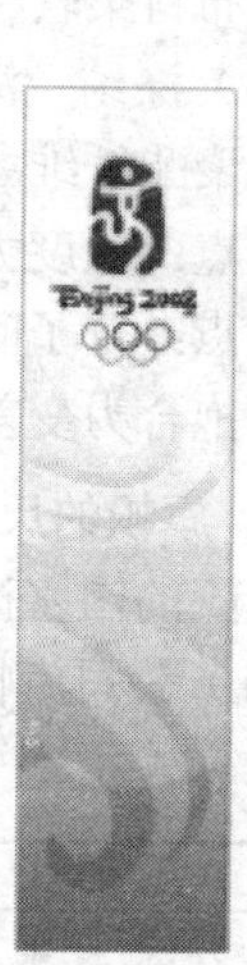

图4-53　大型挂旗

图 4-54　促销用旗

图 4-55　谈判旗

图 4-56　庆典旗帜

图 4-57　串旗

3. 旗帜的面料

（1）色丁　色丁是一种面料，也叫沙丁，中文里叫五美缎。通常有一面是很光滑的，亮度很好，就是它的缎面，所以叫五美缎。规格通常有 75×100D，75×150D 等。原料：可以是棉、混纺或者涤纶，也有是纯化纤的，是面料的组织不同形成的。

（2）纤维　人们常把长度比直径大千倍以上且只有一定的柔韧性的纤维物质统称为纤维。纤维的粗细、长短是决定面料手感的重要因素。粗的纤维给予布料硬、挺、粗的手感，且具有抗压缩的特性。纤维越短，面料越粗糙，愈容易起毛球，但具有粗犷之风格。细的纤维给予布料柔软、薄的手感。纤维愈长，纱线愈光洁平整，愈少起毛球。

（3）涤纶　涤纶（合成纤维）：合成纤维是由高分子化合物制成，涤纶为其中之一种，它又叫聚酯纤维。

优点：强度大、耐磨性强、弹性好，耐热性也较强。

缺点：分子间缺少亲水结构，因此吸湿性极差，透气性也差。由于纤维表面光滑，互相之间的抱合力变差，因此磨擦之处易起毛、结球。

4. 旗帜的尺寸

旗帜的国家标准尺寸，也可根据客户要求尺寸定制。

（1）公司旗帜尺寸（见表 4-5）

表 4-5　公司旗帜尺寸表

号　码	长/cm	宽/cm	号　码	长/cm	宽/cm
1 号旗	288	192	4 号旗	144	96
2 号旗	240	160	5 号旗	96	64
3 号旗	192	128			

（2）挂旗标准尺寸（见表 4-6）

表 4-6 挂旗标准尺寸表

号　码	长/mm	宽/mm	号　码	长/mm	宽/mm
8 开	376	265	4 开	540	380

4.4.2 任务情境

任务：为“绿镜餐饮”设计一个桌上旗。

要求：

1）根据提供的标志及标准字，设计风格统一的办公室桌上旗。

2）桌旗设计要符合公司形象，配以简单、大方，清新的基调。

3）文件夹的设计要做到大小合适、标准色与标志搭配和谐并且醒目，起到宣传企业形象的功用。

4.4.3 任务分析

1．软件分析

设计旗帜时可根据设计要求选用不同的设计软件，如制作旗杆部分可以使用 Illustrator，旗面部分图像处理较多的情况一般除使用 Illustrator 外，还可以使用 Adobe Photoshop。

本任务中是 Illustrator 和 Photoshop 的共同使用。

2．设计思路分析

是以装饰性为主要功能兼顾企业视觉要素的室内的标识牌。企业的桌面旗帜有时发挥的作用远远超出视觉传达的一般含义。它是作为企业传达媒体并营造企业内部氛围，方便公众和内部员工生活，创造优美环境的重要工具；是企业环境美化、传达重要内容的重要工具，既要有较好的实用效果，又要注意与企业建筑、环境的风格统一协调，力求美观、大方、个性鲜明。

4.4.4 任务实施

1．效果图展示（见图 4-58）

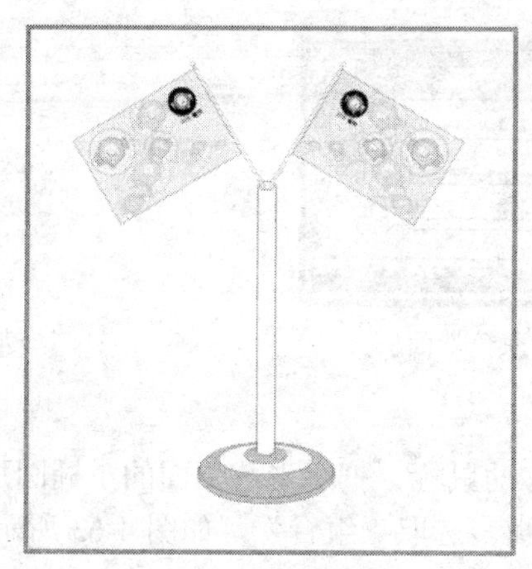

图 4-58　任务 3 效果图

2．公司旗帜的制作步骤

在本任务中旗帜分为旗杆和旗面两个步骤来制作。

步骤一　制作旗面

1）打开 Illustrator 软件，在文件菜单中<Ctrl+N>新建文件，设置以大小为 A4，单位毫米，宽度 297mm，高度 210mm 方向为横，颜色模式为 RGB 颜色（见图 4-59）的文件，保存文件名为“旗帜.ai”。

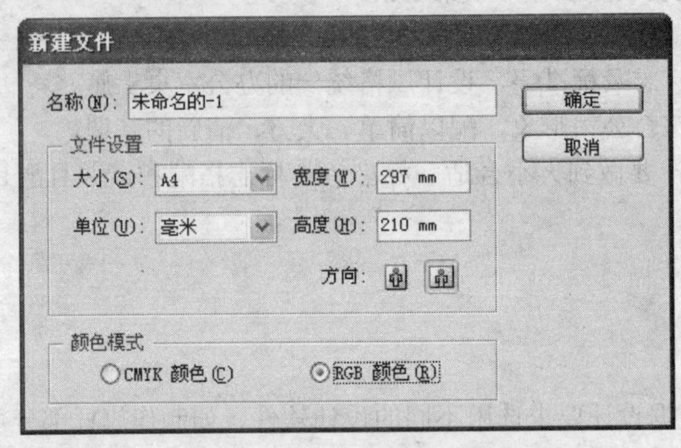

图 4-59 “新建文件”对话框

2）先来制作右边的旗帜，用矩形工具绘制矩形，用椭圆形工具绘制小的椭圆形，宽度与矩形的宽度一致，并复制一个，调整到矩形下方合适的位置。矩形与椭圆形均设置填色为白色，笔画为黑色，笔画宽度为 0.25pt，如图 4-60、图 4-61、图 4-62 所示。

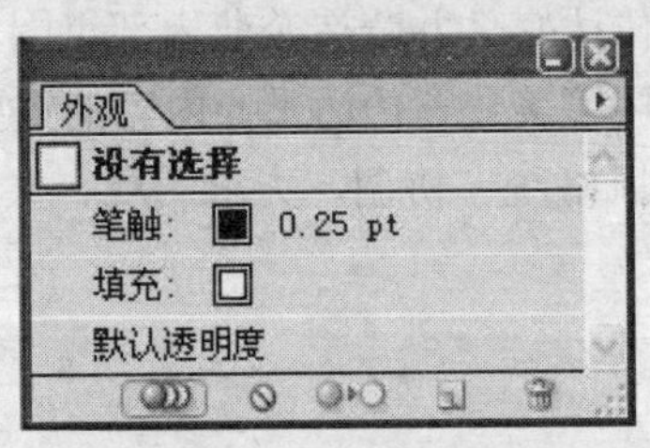

图 4-60 “外观”面板

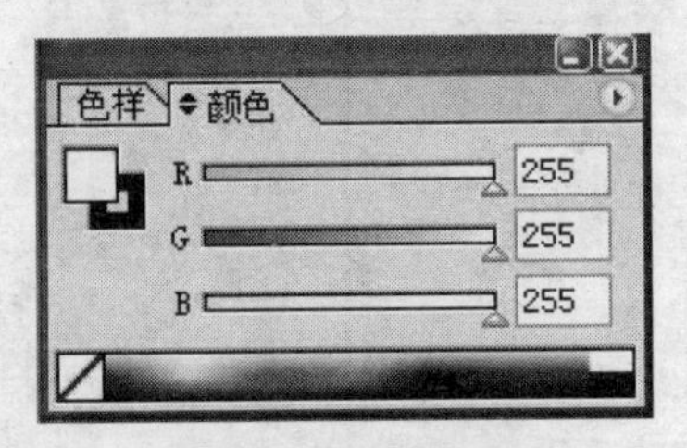

图 4-61 “颜色”面板

图 4-62　绘制图案

3）按下鼠标左键同时移动鼠标，把矩形与下面的小椭圆形框选，点击菜单栏中的：打开→修整，打开“修整”面板。选取“组合”，如图 4-63 所示，效果如图 4-64 所示，复制这个图形备用。

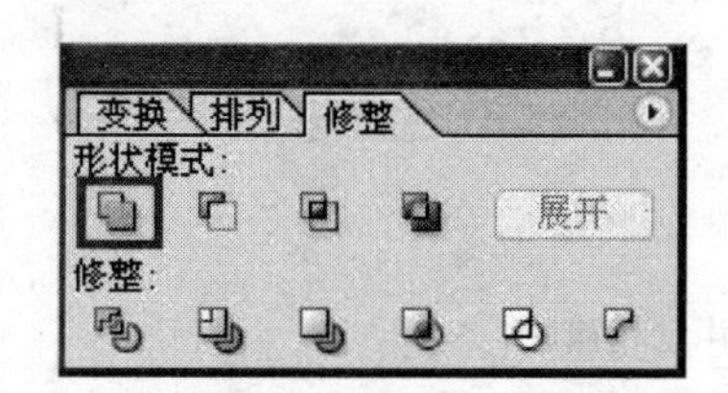

图 4-63 “修整”面板

图 4-64 复制图形

4）为了旗帜下方有自然的倾斜效果，可把下方的小椭圆形稍微变形。首先，使用选取工具把图形调整的细小一些，以适合做旗杆，再用直接选取工具，修改旗杆下面的弧度，注意，略微修改一点就可以了，如图 4-65、图 4-66 所示。

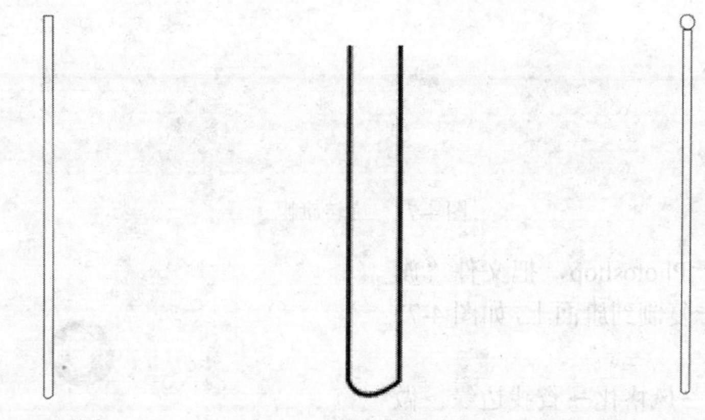

图 4-65 旗杆　　图 4-66 修改旗杆底部　　图 4-67 绘制旗杆顶部

5）用椭圆工具按住<Shift>键绘制小的正圆，调整位置到旗杆的上面，设置填色为白色，笔画为黑色，笔画宽度为 0.25pt，如图 4-67 所示。

6）用矩形工具绘制矩形作为旗面，在颜色面板中设置填色为 R：245、G：245、B：135，笔画颜色为黑色，比划宽度为 0.25pt，如图 4-68 所示。

7）选中旗面和旗杆<Ctrl+G>组成群组，<Ctrl+C>、<Ctrl+V>复制、粘贴图形，如图 4-69 所示。

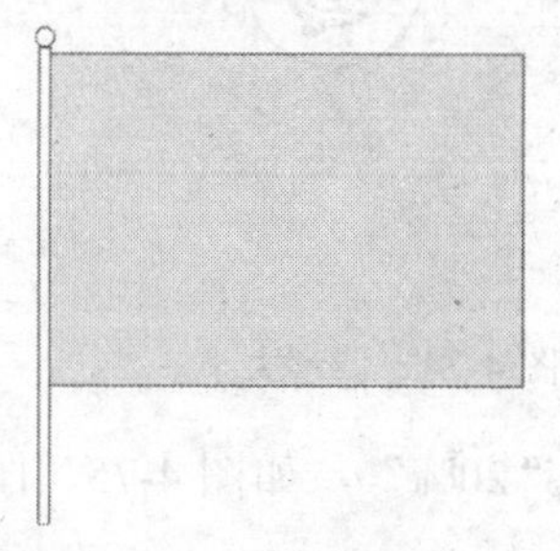

图 4-68 绘制旗面

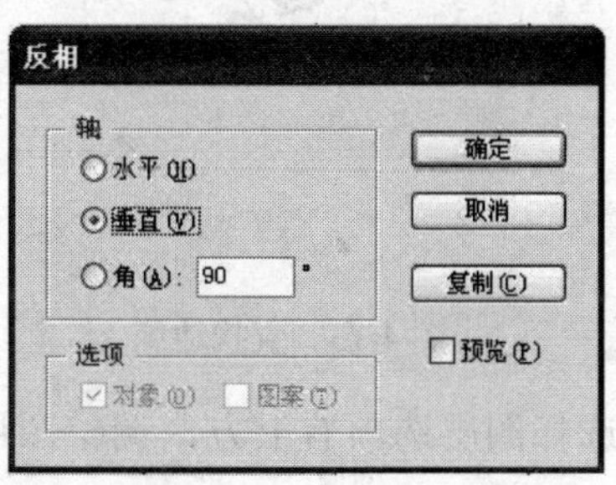

图 4-69 “反相”对话框

8）用反射工具 作反射，角度为垂直 90 度，如图 4-70 所示。

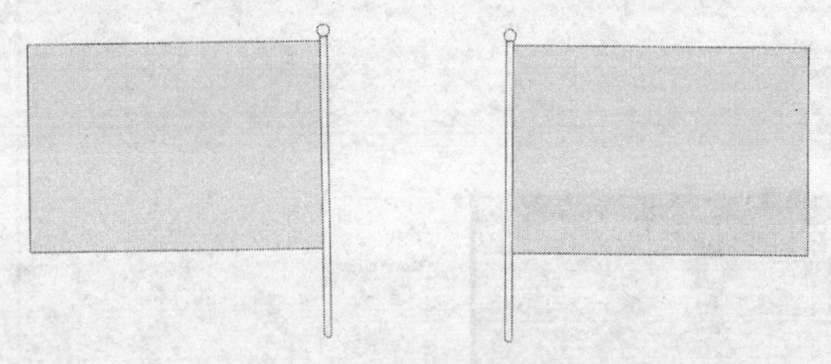

图 4-70　复制并反相旗帜

9）用鼠标左键长按反射工具，选择旋转工具，用旋转工具分别旋转 2 组旗帜组合图形，设置旋转角度为 30 度和-30 度。调整旗面位置，并保存，如图 4-71 所示。

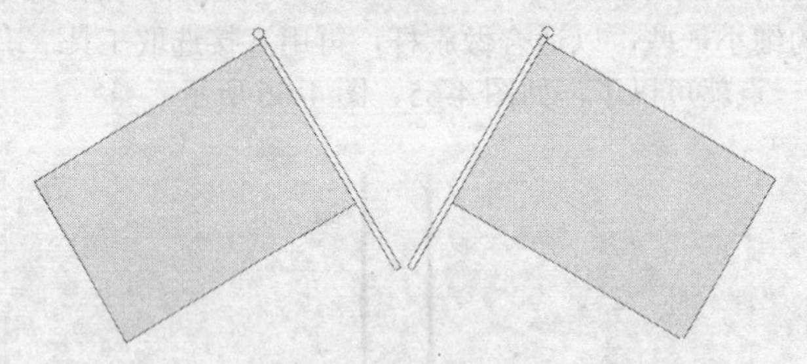

图 4-71　旋转旗帜

10）打开软件 Photoshop，把文件“旗帜.ai”打开，将标志复制到旗面上，如图 4-72 所示。

11）选择滤镜→风格化→查找边缘，做出标志边缘效果。接着按住<Ctrl+T>组合键，调整图标的大小与位置，如图 4-73、图 4-74 所示。

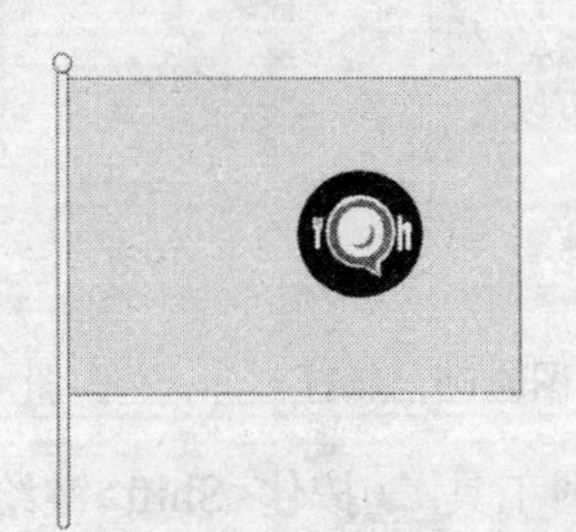

图 4-72　放置标志

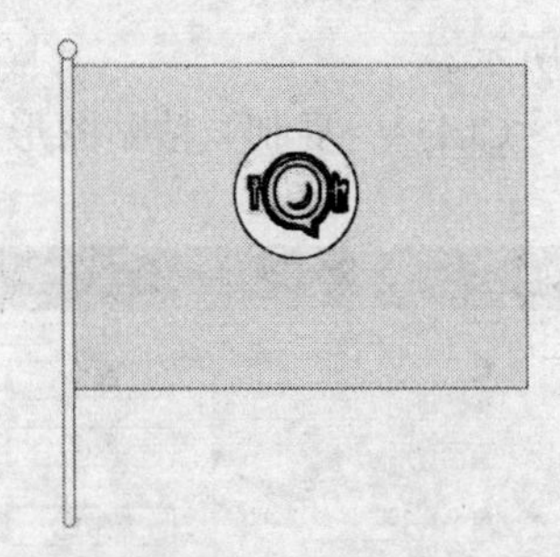

图 4-73　查找边缘

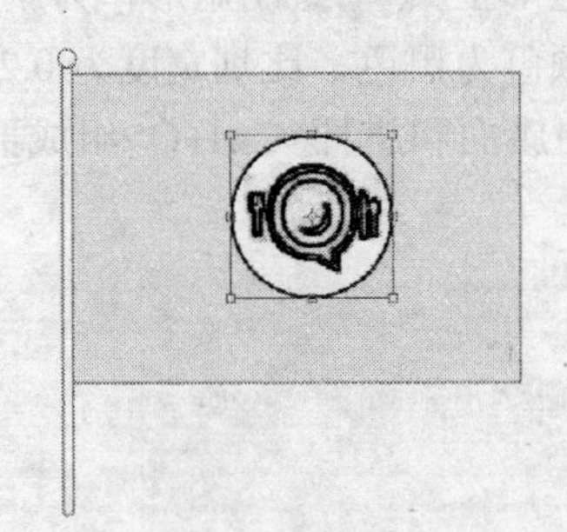

图 4-74　调整大小

12）选择图层选项右上方，调整图层不透明度，输入“20%”，如图 4-75、图 4-76 所示。

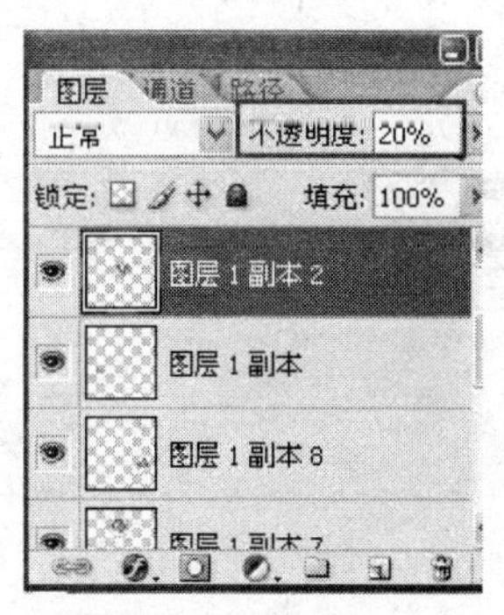

图 4-75　调整不透明度

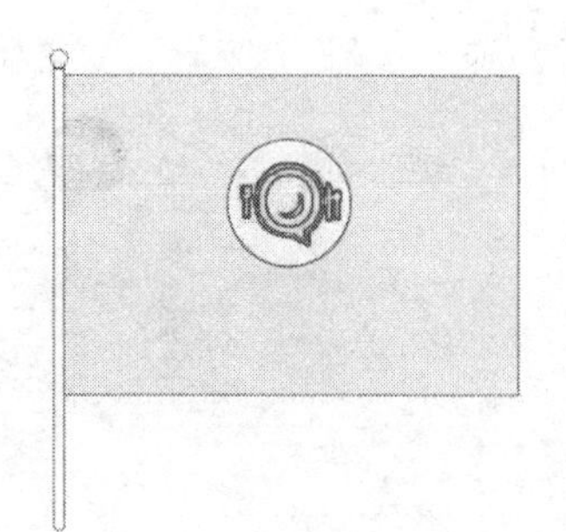

图 4-76　标志效果

13）选择移动工具按住<Alt>键，点击图标，并按下鼠标左键同时移动鼠标，将屏幕界面中的标志移动到如图位置，复制标志图形，修改透明度为“15%”，并重复复制，修改图标大小，如图 4-77 所示。

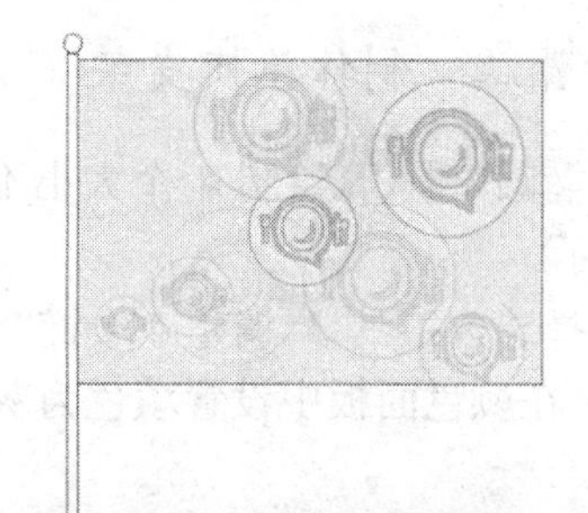

图 4-77　复制变换标志图形

14）合并所有图层。按住<Alt>键盘，复制图形，之后点击：编辑→变换→垂直翻转。打开标志与标准字，复制至旗面，并调整大小及位置，如图 4-78、图 4-79 所示。

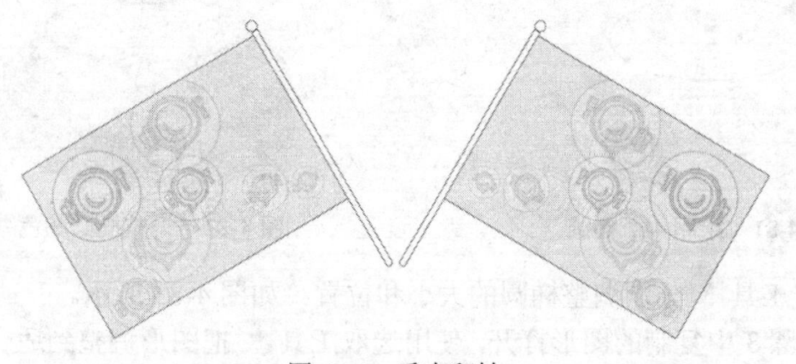

图 4-78　垂直翻转

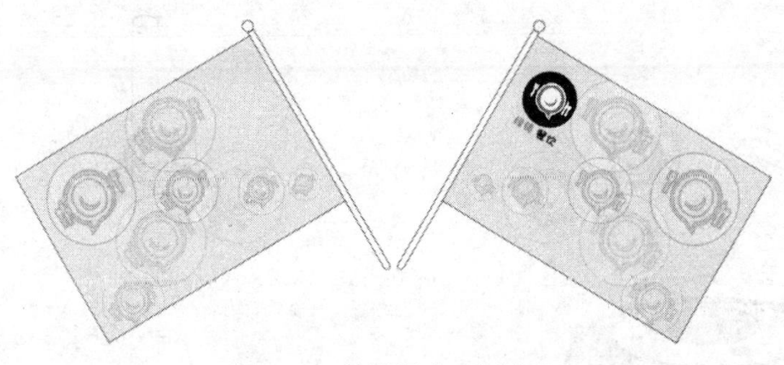

图 4-79　放置标志、标准字

15）按住<Alt+Shift>键，按下鼠标左键同时移动鼠标，将屏幕界面中的标志移动到左边旗帜位置。至此，旗面部分制作全部完成，保存文件名为“旗面”，如图 4-80 所示。

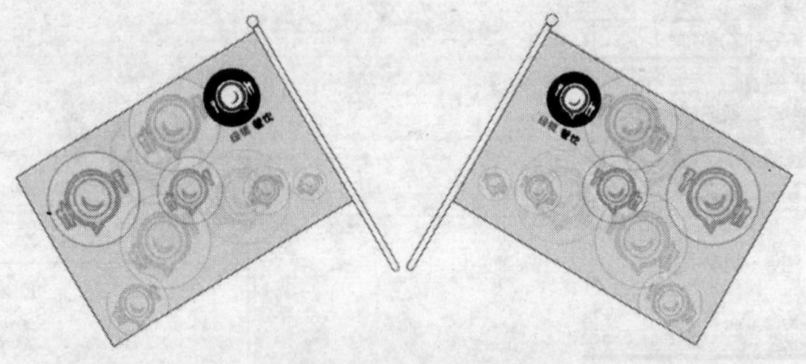

图 4-80　旗面效果图

步骤二　制作旗帜支架

1）用椭圆工具绘制 4 个大小不等的椭圆，笔画颜色为黑色，笔画宽度为 0.25pt，如图 4-81 所示。

2）选择选取工具调整 4 个椭圆的位置，然后选中从上向下数的第一个、第三个和第四个椭圆，在颜色面板中设置填色为灰色，笔画颜色为黑色，笔画宽度为 0.25pt，如图 4-82 所示。

图 4-81　绘制 4 个椭圆

图 4-82　调整椭圆颜色

3）选择选取工具分别调整椭圆的大小和位置，如图 4-83 所示。

4）将旗面步骤 3 中复制的图形打开，使用选取工具把图形调整到适合做旗杆的大小，做支架杆子部分，如图 4-84 所示。

图 4-83　调整椭圆大小及位置

图 4-84　制作旗杆

5）用选取工具选中4个椭圆及旗杆支架部分所有图形，在排列面板中选择“水平居中对齐”，至此旗杆部分就完成了，如图4-85、图4-86所示。

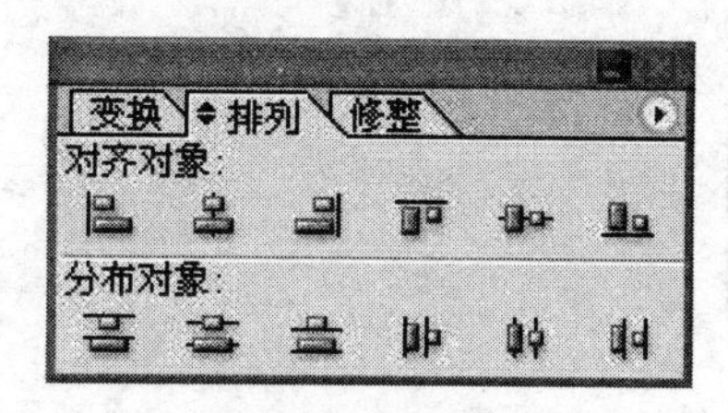

图4-85 “排列”面板

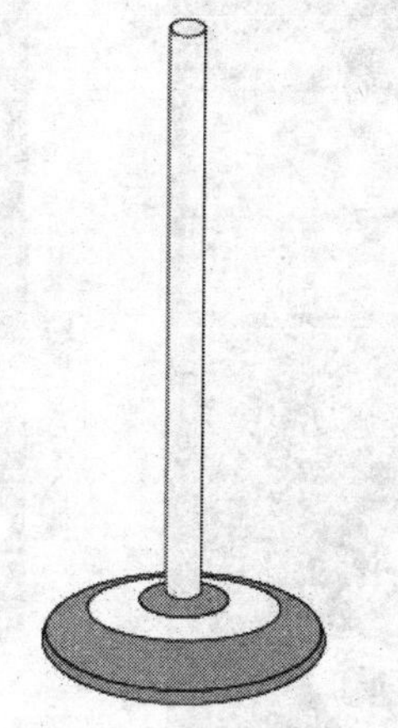

图4-86 旗杆效果图

6）保存文件名为“旗杆.ai”，关闭Illustrator。

7）打开Photoshop，在Photoshop中打开“旗杆.ai”。

8）打开“旗面”图形，选择移动工具，按下鼠标左键同时移动鼠标，将屏幕界面中的旗面移动旗杆图形中。按<Ctrl+T>组合键，自由变换。按住<Shift>键（同比例变换），按下鼠标左键同时移动鼠标，把图形调整至合适大小，如图4-87所示。

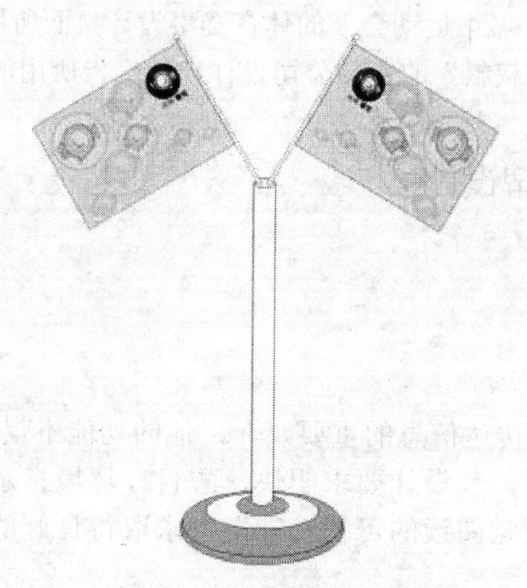

图4-87 旗帜最终效果图

4.4.5 任务拓展

1. 临摹实例练习

要求：根据提供的效果图，运用4.4.4任务实施中介绍的工具及制作方法完成如图4-88、图4-89、图4-90所示作品。

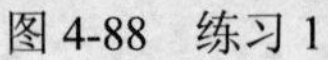
图 4-88 练习 1

图 4-89 练习 2

图 4-90 练习 3

2. 自由设计实例练习

要求：根据提供文字信息，运用本章节中介绍的设计方法完成下列设计，并能阐述自己的设计主题和设计思路。

1）给一个名为“2009 城市运动会”的体育赛事设计桌面所用的旗帜。

2）给一家名为“好乐叔叔”的食品公司设计户外广告所用的旗帜。

4.5 任务 4——指示牌设计

4.5.1 知识储备

1. 指示牌的意义

指示牌是企业向外界传达信息的重要媒介，他的功能不仅仅是表示企业机构所在地，而且有引导和指南的功能，其设计要求明快、醒目。环境指示牌的设计必须考虑视觉环境给企业带来的影响及视觉阅读的可视功能，以求取得良好的公众形象和宣传企业文化的功效。

2. 指示牌的分类（见表 4-7）

表 4-7 指示牌的分类表

景区导引指示牌	停车场区域指示牌
景区平面布局示意牌	景区总体介绍牌
活动式招牌	方向指引标识牌
公共设施标识牌	立地式道路导向牌

（续）

景区导引指示牌	停车场区域指示牌
立地式道路指示牌	立地式标识牌
欢迎标语牌	立地式道路导向牌
警示标识牌	公共区域标识牌
玻璃门防撞贴	楼层标识牌
科室牌	接待台及背景板
精神口号标牌	内部参观指示牌
各部门工作组别指示牌	内部作业流程指示牌

其中，道路交通指示牌是用图案、符号、文字传递信息，用以宣传及引导。规定道路交通指示牌分为7大类。

1）警告标志：警告车辆和行人注意危险地点的标志。

2）禁令标志：禁止或限制车辆、行人交通行为的标志。

3）指示标志：指示车辆、行人行进的标志。

4）指路标志：传递道路方向、地点、距离的标志。

5）旅游区标志：提供旅游景点方向、距离的标志。

6）道路施工安全标志：通告道路施工区通行的标志。

7）辅助标志：附设于主标志下起辅助说明使用的标志。

3．指示牌常用尺寸（见表4-8）

表4-8 指示牌常用尺寸表

编号名称	尺寸	长/mm×宽/mm
P-1	英式指示牌	846×584
P-2	双面旋转指示牌	750×550
P-3	圆角指示牌	850×630
P-5	锥脚指示牌	584×454
P-7	L型脚指示牌	860×550
P-8	斜身指示牌	870×560
P-9	黑金刚斜面指示牌	325×375
P-10	黑金刚立式指示牌	620×500
P-11	澳式指示牌	855×545
P-12	美式指示牌	620×430
P-14	营业双面指示牌	235×36
P-15	泰式指示牌	760×560
P-16	寻人牌	235×365
P-17	停车牌	425×460
P-18	圆角平底资料牌	560×450
P-19	签到处	145×235
P-20A	斜面礼宾牌	280×370
P-20B	立面礼宾牌	280×370
P-21	双面箭头指示牌	150×490

4．指示牌的面料

众所周知，指示牌起到的是指导和宣传的视觉作用。所以，对材料的选择并不是十分讲究。室内指示牌大多用料多样，再此，不一一列举了。户外指示牌，大多都是用反光的材料做的。

（1）反光涂料　高速公路上的交通指示牌是用反光材料做成,主要耗材反光粉。

（2）反光膜　反光膜产品是一种用途广泛的新型光学材料。它是根据薄透镜成像原理，将玻璃微珠均匀单层镶嵌在有机树脂中作为光学原件，用树脂多层层叠而成的贴膜。用其制作的反光标志能将入射光线按原路回归反射，其反光亮度比一般油漆标志亮几十至几百倍。产品广泛应用于公路、铁路、港航、机场、矿山，消防、车辆牌照、环保、广告等领域制作反光标志、标牌。该产品的使用，能使人于夜间在数百米以外看清标志，很大程度地提高了人们夜间对标志的识别能力，达到增强安全意识和宣传的作用。该产品是近期问世的高科技产品，随即被广泛采用，现到处可见本产品制作的反光标志标牌，已与人们的生产生活密切相关，该产品的应用是人类文明进步的又一象征。

反光膜是利用光学原理，能把光线逆反射到光源处的一种特殊结构的面膜。由耐候的面皮层、玻璃珠层、聚焦层、反射层、胶水层及底纸层构成。

（3）太阳能　太阳能交通指示牌是新一代的道路安全设施，他利用指示牌上方的太阳能电池将白天的阳光转换成电能储存于警示牌中，当夜幕降临或光线昏暗时，指示牌上的发光元件自动启动发光，其闪烁的光线明亮、醒目、有强烈的警示作用。特别在无电源的高速公路、经常移动的施工现场及山道、弯道等高度危险地段，这种可主动发光的指示牌体现出特殊的警示作用，其可视距离是反光膜指示牌的 5 倍，动感效果是普通标志牌所不能替代的。

5．指示牌的功用

（1）指导功能　公共服务方面的标志具有指导行为的功能。在交通、建筑、生产部门，直意、清晰的标志可以有效地“保护”不熟悉环境者的安全。其他如注意防火、紧急出口、防滑、急转弯等警示性标志、标识可能在关键时刻起到安全引导作用。在交通标识中，它的安全重要性更是举足轻重。这些标志，标识对于文字识别能力较弱的人群来讲，具有比文字更直接的意义。

（2）附加功效　指示牌上配以精美的标志，不仅宣传了标志，也美化了名牌产品自身，增加了消费者对企业的好感度、熟悉度，增强了商品的魅力。

4.5.2　任务情境

任务：为“绿镜餐饮”设计一个特殊通道指示牌。

要求：

1）根据上文中提供的标志及标准字，设计与标志风格统一的指示牌。

2）公司的标志与标准色及标准字的中文、英文在设计中应尽可能运用到，做到标志信息与指示牌风格统一，并且简单大方。

3）设计方案要做到：设计稿要醒目；起到美化环境的功用，设计应该与企业的文化一致。

4）作为公共设施，要重设计的实用性，易于辨别，适合公共场所。

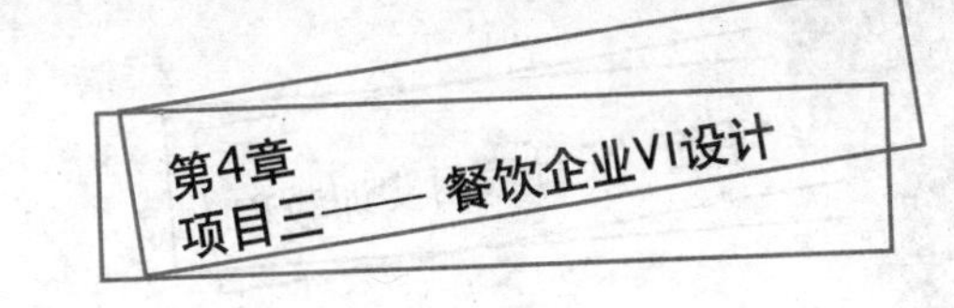

4.5.3 任务分析

1．设计软件分析

指示牌设计使用常用的图形图像制作软件均可使用。

在本任务中笔者使用的 Adobe Illustrator 和 Adobe Photoshop 搭配使用。

2．设计思路分析

此设计的主体是指示牌，标志设计只能作为副体出现在指示牌中，如何与指示内容融合，且企业标志突出就成了设计中的重点与难点了。要素挖掘是为设计开发工作做进一步的准备。我们回到图标做些研究，并可以在纸上做一些草图，提炼出标志的结构类型、色彩取向，列出标志所要体现的精神和特点，挖掘相关的图形元素，找出标志设计的方向，使设计工作有的放矢，而不是对文字、图形的无目的组合。

4.5.4 任务实施

1．效果图展示图（见图 4-91）

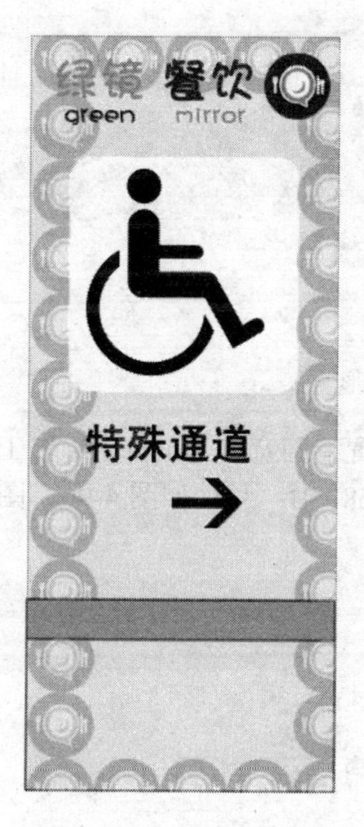

图 4-91　任务 4 效果图

2．实例设计步骤讲解

1）打开 Adobe Illustrator 软件，在文件菜单中新建文件，保存文件名为“指示牌.ai”。

2）用矩形工具绘制矩形，大小为 140mm×80mm，在颜色面板中设置填色为 R：245、G：245、B：135（淡黄色），笔画颜色为黑色，笔画宽度设置为 0.25pt（如图 4-92、图 4-93 所示）。

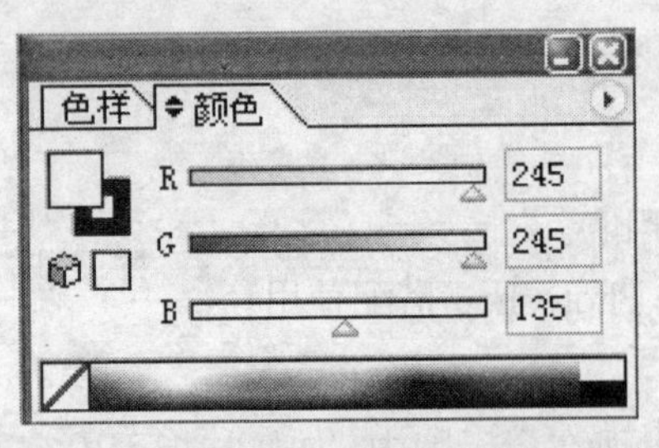

图 4-92 “颜色”面板

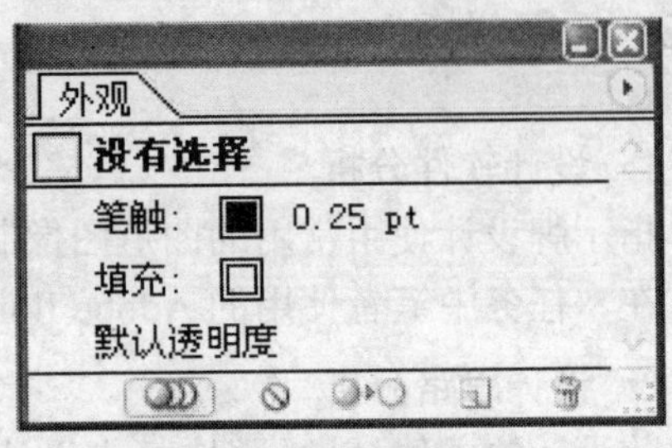

图 4-93 “外观”面板

3）选择选取工具，按下<Ctrl+C>（复制），<Ctrl+F>（原位置粘贴），复制两个矩形，用选取工具分别调整这两个矩形的高度与位置至大矩形的下方，如图 4-94、图 4-95 所示。

图 4-94　绘制黄色矩形

图 4-95　复制移动矩形

4）选中下面两个矩形，设置笔画宽度为 1pt。选取工具选取中间的矩形，在颜色面板中设置颜色为 R：130、G：168、B：30，如图 4-96、图 4-97 所示。

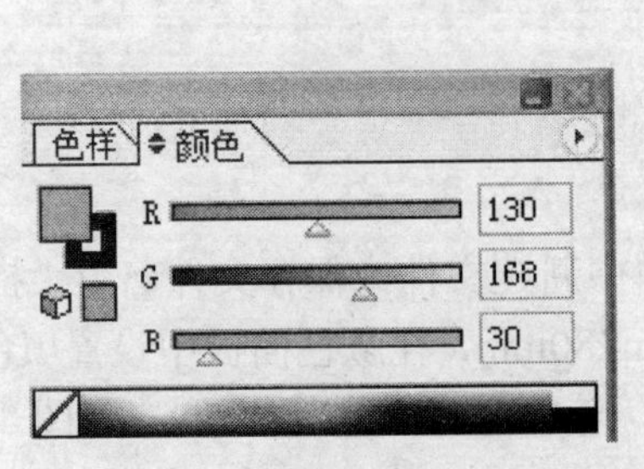

图 4-96 “颜色”面板

图 4-97　填充绿色

5）用选取工具选中所有元素，按住<Ctrl+G>组合键组成群组。

6）用圆角矩形工具绘制圆角矩形，设置为 60mm×60mm，圆角半径约为 6mm，如图 4-98 所示。

7）颜色面板中设置颜色为白色，R：255、G：255、B：255，笔画颜色设置为无色，调整圆角矩形位置至大矩形中上方，如图 4-99 所示。

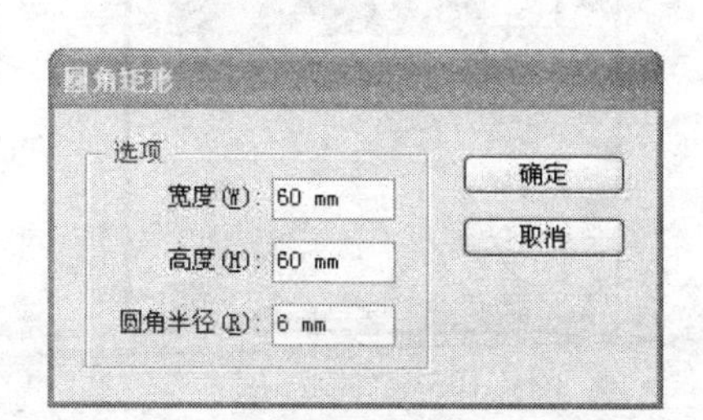

图 4-98 “圆角矩形”对话框

图 4-99 绘制圆角矩形

8）存储文件为“指示牌.ai”，并关闭 Adobe Illustrator。

9）打开 Adobe Photoshop，打开“指示牌.ai”和标志、标准字。

10）按下鼠标左键同时移动鼠标，把将屏幕界面中的标志移动到“指示牌”文件中，并自动生成一个图层，我们把此图层名称修改为“标志”，并按<Ctrl+T>键，调出自由变形框，按住<Shift>键同比例修改其大小至合适，如图 4-100、图 4-101 所示。

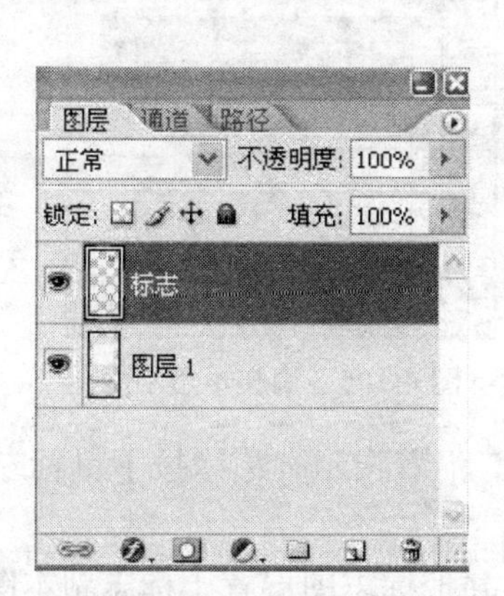

图 4-100 “图层”面板

图 4-101 放置标志图形

11）把标准中、英文字符置入“指示牌”图像中，选择自由选择工具，修改其位置，再根据步骤 10 的操作修改其大小，如图 4-102 所示。

12）选择标志图层，把标志图层拖动至图层窗口右下方，复制图标图层，如图 4-103 所示。

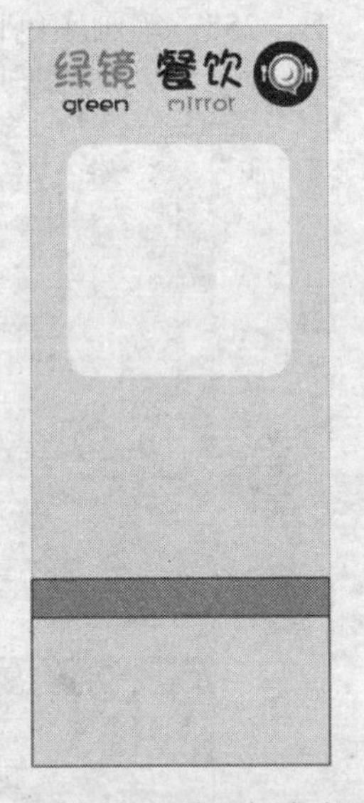

图 4-102　放置标准字

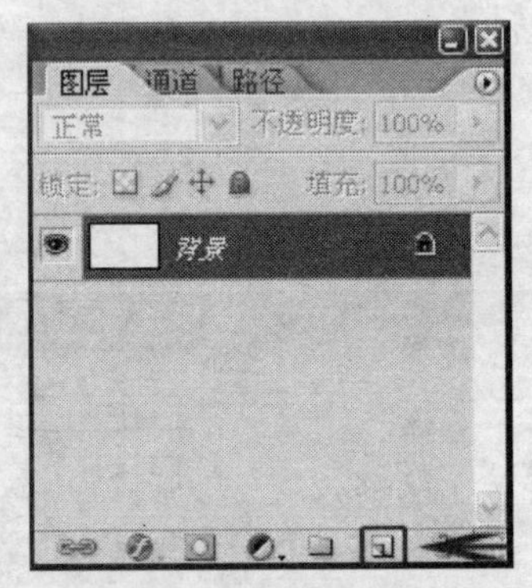

图 4-103　复制图层

13）把标志图层副本，移动到如图 4-104 所示的位置，改变其透明度为“30%”，如图 4-105 所示。

图 4-104　移动图层副本

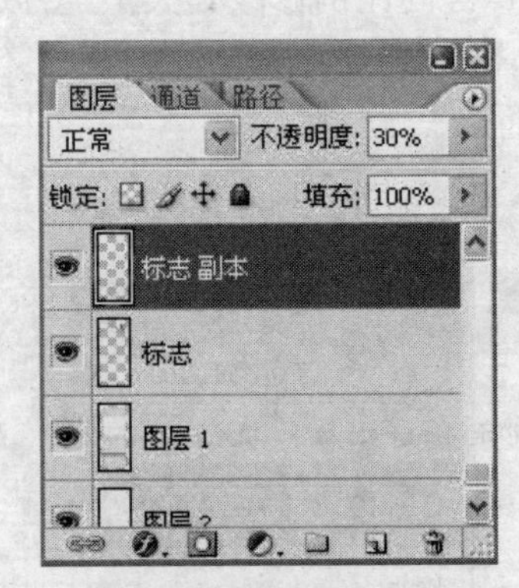

图 4-105　调整不透明度

14）选择自由选择工具，按住<Alt+Shift>键，沿着指示牌边缘按下鼠标左键的同时移动鼠标，如图 4-106 所示。

15）按住<Ctrl+E>组合键合并所有标志副本，并把标志图层置于标志副本图层之上。

16）选择矩形选框工具，激活标志副本图层，把指示牌外面的图形删除，如图 4-107，再把中间绿色矩形和圆角矩形里图标删除，如图 4-108 所示。

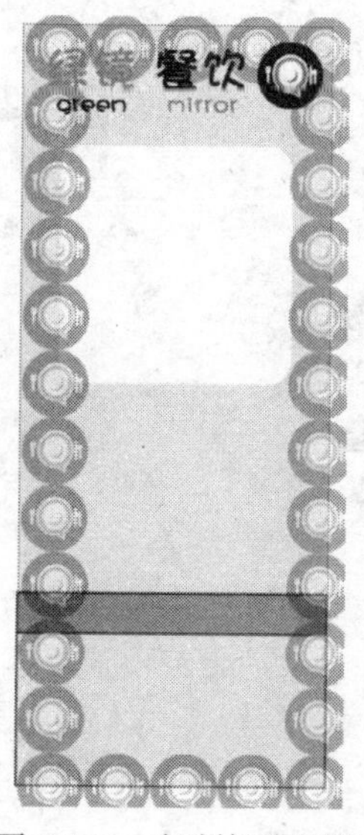

图 4-106 复制标志图案

图 4-107 删除指示牌外图形

图 4-108 删除绿色矩形和圆角矩形里的图标

17）在图层最上方新建图层，设置前景色为黑色，属性栏为最右边填充像素。选择自定义图形工具，如图 4-109 所示，在形状按钮上点击，出现下拉菜单，单击，在圆角矩形里按住<Shift>键，并按下鼠标左键同时移动鼠标，将屏幕界面中的对象移动到如图 4-110 所示的位置。

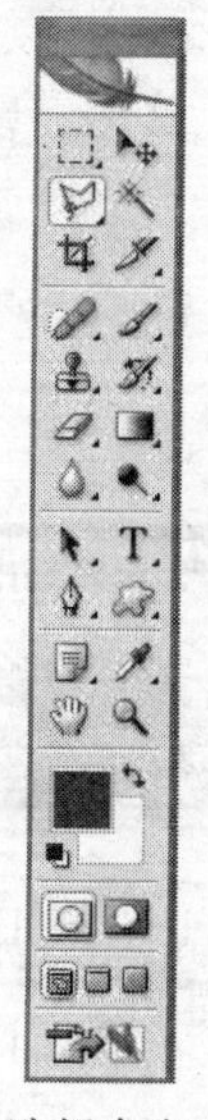
图 4-109 选择自定义图形

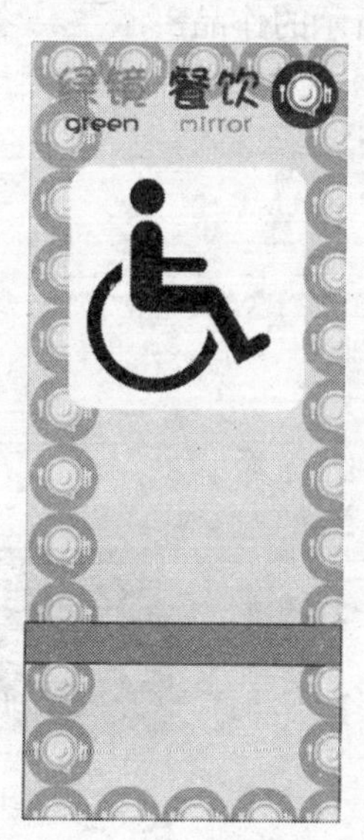

图 4-110 绘制“轮椅”图形

18）选择文字工具 T，输入 30 点字体，黑体，“特殊通道”，如图 4-111 所示。

19）新建一个图层置于顶端，选择自定义图形工具，在形状按钮上点击，出现下拉菜单，单击→，在圆角矩形里按住<Shift>键，按下鼠标左键同时移动鼠标，将屏幕界面中的对象移动到如图 4-112 所示的位置。

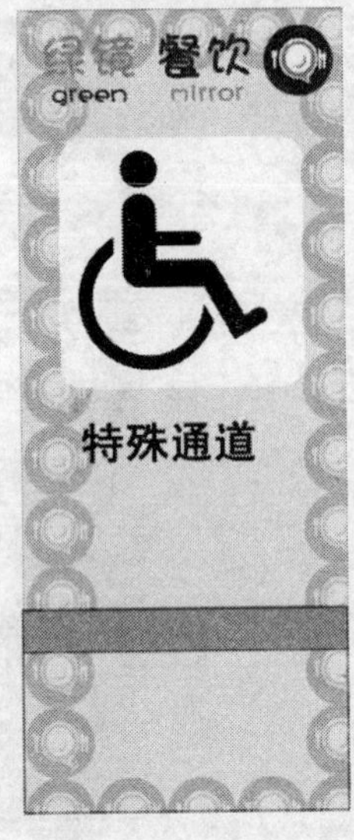

图 4-111　输入文字

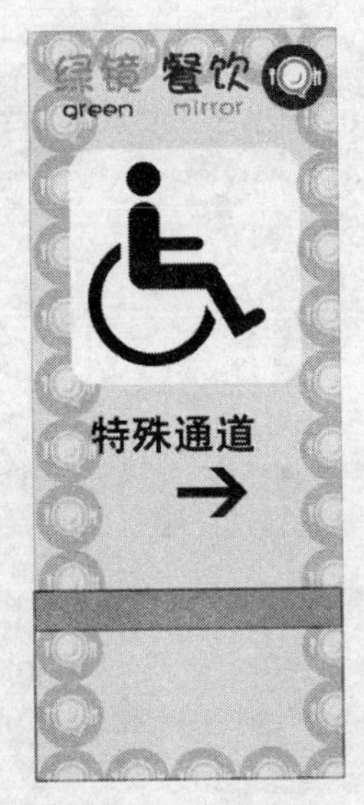

图 4-112　绘制箭头

4.5.5　任务拓展

1．临摹实例练习

要求：根据提供的效果图，运用 4.5.4 任务实施中介绍的工具及制作方法完成如图 4-113、图 4-114、图 4-115 所示的作品。

图 4-113　练习 1

图 4-114　练习 2

图 4-115　练习 3

2．自由设计实例练习

要求：根据提供文字信息，运用本章节中介绍的设计方法完成下列设计，并能阐述自己的设计主题和设计思路。

1）给一个名为“贝高太”的餐厅设计展示指示牌。

2）给“乐尚”超市做“巧克力柜台”的指示牌。

4.6 任务5　广告伞设计

4.6.1 知识储备

1. 广告伞的意义

中国是世界上最早发明雨伞的国家，从发明之日到现在至少也有 3500 多年了。伞在中国诞生之后，随着对外开放和交流的日益扩大，也就逐渐传到了国外。

现如今，伞已不再是传统意义上仅为遮风避雨所用，它的家族可谓子孙繁衍，款式众多。伞不再是一把普通的雨具，是美的标志，让人更年轻靓丽，是对生活的热爱。一把小小的伞，不仅仅只是一把普通的雨具，更多的演绎了伞文化“爱”的真谛—亲情之爱、温情之爱、生活之爱、市场之爱、自然之爱……

广告伞，顾名思义印有广告的雨伞。广告伞作为一种广告宣传的载体，由于其实用性，持久性，良好的自身形象，深受广告主的喜爱。

2. 广告伞的分类

随着时代的前进，伞的品种越来越多，用途也越来越广。自动伞、折叠伞早已不是什么稀罕，无柄伞又返回到“头顶荷叶”状，戴在孩子们和女士骑车族的头上。什么收音机伞、太阳能伞、盲人伞、防暴伞等也纷纷面世。按伞的用处分类有以下几种。

（1）太阳伞（见图 4-116）　选择防紫外线伞主要看伞的面料。研究表明，伞面厚的布料比薄的抗紫外线性能好。一般来说，棉、丝、尼龙、粘胶等面料的防紫外线效果较差，而涤纶较好。有些消费者认为，伞面越厚防紫外线性能越好，其实不然，如天堂伞系列开发出一种轻薄但十分紧密的面料，防护性能远优于一般织物。此外，防紫外线性能颜色越深越好。

（2）油纸伞（见图 4-117）　是一种用涂上桐油的纸做伞面的雨伞。油纸伞源于中国，亦传至亚洲其他地区如日本、朝鲜、越南、泰国等地。油纸伞除了是挡阳遮雨的日常用品外，也是嫁娶婚俗礼仪一项不可或缺的物品，中国传统婚礼上，新娘出嫁下轿时，喜娘会用红色油纸伞遮着新娘以作避邪。日本传统婚礼上，新娘也会被红色油纸伞遮着。老人喜好象征长寿的紫色伞；送葬时则要用白色伞。日本传统舞蹈也会以油纸伞作道具，茶道表演时用的要用“番伞”。

图 4-116　太阳伞

图 4-117　油纸伞

（3）高尔夫伞（见图 4-118）　我们常常可以在高尔夫会所，赛车比赛时看到它的身影，此伞最大的特点是大，可以说是能拿在手上的最大的伞了，正常规格都在25寸～32寸之间。随着更多的人了解此伞品质佳，外形美观大方，遮阳挡雨效果好等优良特点，高尔夫雨伞渐渐的普及开来，高档酒店、高档会所、高档住宅别墅区也开始大量采用。

（4）儿童伞（见图4-119） 是生产伞的厂商专门为儿童设计制作的伞。

图4-118　高尔夫伞

图4-119　儿童伞

1）大童伞，这种伞适合6～9岁的儿童使用，其在童伞中伞面比较大，但比起成人的伞要稍小，而且轻。伞柄、伞身都是专门的设计。

2）中童伞，这种伞适合 5～7 岁这个年儿童使用，伞面要小于大童伞，材质等都采用比较柔和的材料。

3）小童伞，这种伞小巧，其目的不只是为了平时大人们用来遮阳避雨，最重要的是用来玩的，并没有太大的实用用途。

其中，能用来做广告伞的品种还真不少，这其中有：直杆伞（也称直骨伞）、折叠伞、儿童伞（规格小于19寸以下的伞）、高尔夫伞、太阳伞（又称沙滩伞）等。

3．广告伞常用尺寸

在上文中的儿童伞，提到了伞的规格，下面就让我们来了解一下伞的规格。

广告伞的规格：很多人喜欢用伞打开后的直径来度量，实际上这样的测量法是不准的，同样规格的伞，裁布方式的不同，做出来的伞直径可大可小。

广告伞规格的正确量法是：将伞打开，从伞顶有布的地方开始，顺着其中的一根伞骨往下量到伞布缝到伞珠的珠尾孔为止，这段距离的尺寸，就是伞的规格。

最常见到的尺寸有：21寸×8K、22寸×8K、23寸×8K等，前面的数据21寸、22寸、23寸就是指伞的大小，后面的8K，实际上表示伞有8片（瓣），通常的伞都是8K的，也有少量的伞只有6K或是7K，也有些伞是16K的，这些都比较少见。

4．广告伞的面料

广告伞的面料有很多种，现在最主要的面料有4种（见图4-120）：

1）绦纶布：此布较没有弹性，用手搓过后，产生了折皱很难恢复原样。

2）尼龙布：此布较有弹性，摸在手上会有滑滑的感觉，撒点水上去，轻轻一抖，水马上就会滑落。

3）PG布（又称碰起布、碰汁布等），此布用手摸上去有棉布一样感觉，色泽上显得比较柔和。

以上布料主要用在直杆伞，折叠伞，高尔夫伞等。

4）牛津：太阳伞常用到的布料有210D与420D牛津布，两款布的区别是420D牛津布比 210D 牛津布要厚很多。

一般来说，防晒伞一般都是有一层抗紫外线涂层的。灰色吸收紫外线特别好，布料是尼龙的有涂层的不规则编制的最好。伞里面有光面的会把地面的紫外线反射到人的身上。如果银胶涂层在外，会造成斑驳的现象，影响外观，不如选择银胶涂层在伞内部的，既不易剥落也不会影响伞的美观。此外 UPF 值会影响防晒功能，UPF 值是紫外线对未防护的皮肤的平均辐射量的比值，UPF 值越大，表明防紫外线性能越好。

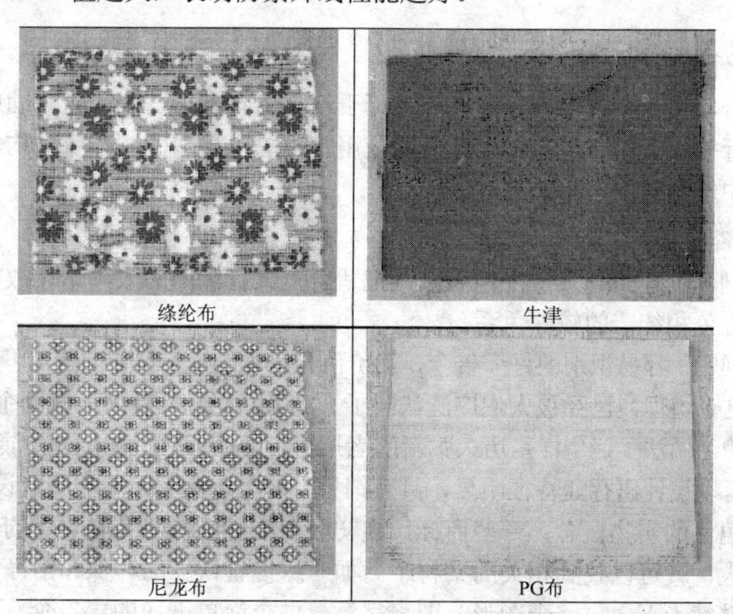

图 4-120　广告伞布料

5．广告伞的功用

广告伞作为一种现代新颖广告载体，具有流动性大、色彩鲜艳和良好的视觉效果，其图案设计不受限制，结构可任意选择以及美观耐用，质优价惠等多种优点，成为企业广告宣传的一种重要形式。广告伞具有其他形式广告不可比拟的优势：

1）流动性大：广告伞具有走到哪里，广告就做到哪里的优点。

2）物美价廉：广告伞具有广告投入成本低，制造过程快，消费者印象深等优点。

3）实际用途广：广告伞具有阴天遮风，雨天避雨，晴天遮阳的功能，是男女老少不可缺少的一种日常生活用品。

4）广告时间长：广告伞的使用寿命长，可对企业进行长期的广告宣传，是一种可靠的广告方式。

4.6.2　任务情境

任务：为“绿镜餐饮”设计一把广告伞。

要求：

1）根据上文中提供的标志及标准字，设计与标志风格统一的广告伞。

2）公司的标志与标准色在设计中应尽可能运用到，做到标准色与广告伞搭配和谐，并且要照顾到各性别与年龄层的馈赠者的审美。

3）设计方案要做到：设计造型要能够表现出独特的企业性质和商品特性，设计应该与企业的形象战略相符合。

4）重设计的实用性，设计具有相应的功能。

4.6.3 任务分析

1．设计软件分析

目前的广告伞设计主要使用计算机，也可于纸上先勾画出一些草图帮助成稿，但终究要使用计算机进行排版上色。广告伞设计一般使用常用的图形图像制作软件均可使用。

在本任务中笔者使用的 Adobe Photoshop。

2．设计思路分析

笔者考虑到伞的使用功效，决定制作一把适合夏天遮阳用的太阳伞。故在颜色上准备选用与标志、标准色相统一的较深色系。

一个形象鲜明、容易识别的好广告伞，其价值是巨大的，不但方便推广，更有助于累积提升品牌价值。这个道理，已经被人们广泛认同了，成为共识。卖什么，就画个什么在广告上，这是中外商标的老做法了，一样是历久弥新的老招数。用标志的图案，进行演变，结合文字和其他要素，就可以设计出行业特征明显，具有销售力的广告伞了。这类广告设计并不很多。

标名称所蕴涵的实物概念：一些商标，当初取名的时候，就具有一定的含义。将这个含义引用或者放大，就可以找到相关的素材了。如“绿镜餐饮”的环保和洁净的感觉，那么就沿着这一思路继续走下去。字表图形，图表字意，做个简单干净的广告伞。

绿色是一种生机勃勃的颜色，充满生命的希望，给人无限的安全感受，象征自由和平、新鲜舒适；明度较低的青草绿则给人专业的印象。

4.6.4 任务实施

1．效果图展示图（见图 4-121）

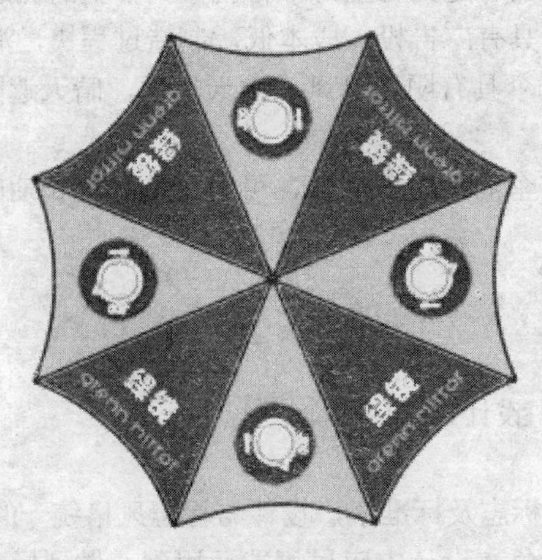

图 4-121　任务 5 效果图

2. 实例设计步骤讲解

1）打开 Photoshop 软件，新建文件，大小为长度：16cm；宽度：16cm；分辨率 72 像素/英寸；保存名为“广告伞”。

2）新建图层，选择“路径”工具，在画面中绘制雨伞的轮廓，然后进入路径控制面板，点击“用画笔描边路径”按钮 ，勾画出伞的轮廓，如图 4-122 所示。

3）将前景色调制成绿色，R：133、G：172、B：47 间隔的选中伞布的区域，按住<Alt+Delete>组合键对选区填充，如图 4-123、图 4-124 所示。

图 4-122 绘制伞的轮廓

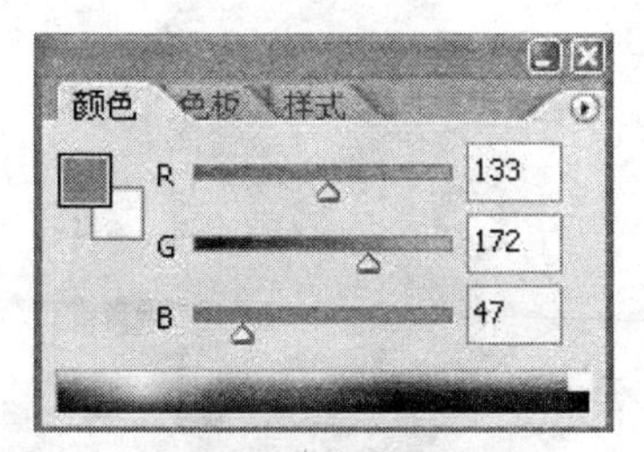

图 4-123 “颜色”面板

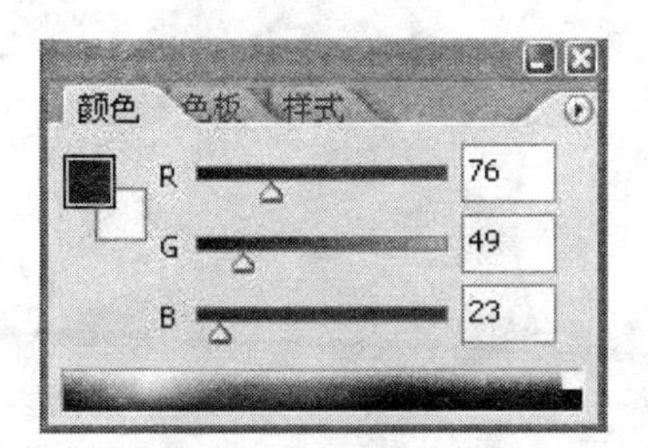

图 4-124 “颜色”面板

4）将前景色调制成褐色，R：76、G：49、B：23，选取绿色区域以外的区域，对选区填充，如图 4-125 所示。

5）打开素材图片，插入标志图案，同时按<Ctrl+T>键，调出自由变形选框，按住<Shift>键，按下鼠标左键同时移动鼠标，选择四边上任意一个小正方形，对图标大小进行修改，如图 4-126 所示。

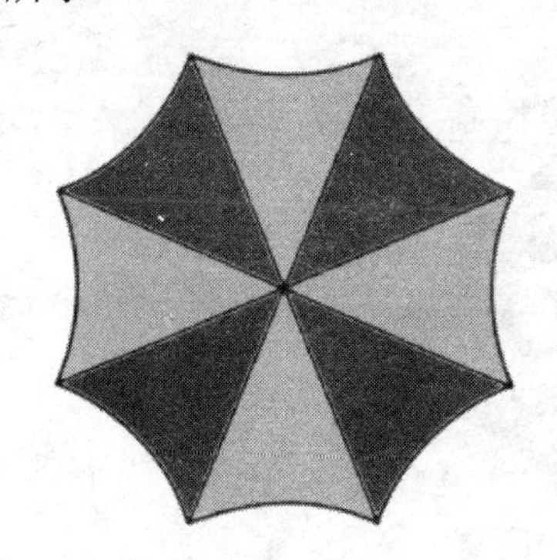

图 4-125 填充绿色和褐色

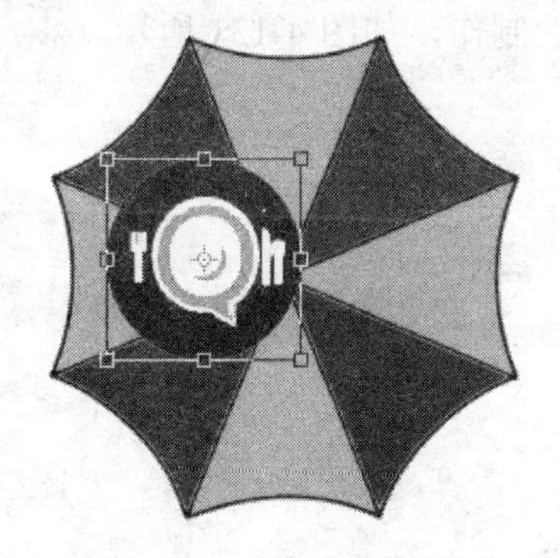

图 4-126 放置标志图案

6）大小修改完成后，选择标志图案所在的图层，将旋转中心移至雨伞中心，将旋转角度设置为 45 度，图 4-127 所示。

7）在此按下<Ctrl+T>组合键，将旋转中心移至雨伞中心，将旋转角度设置为 90 度，确定变换后同时按下键盘上的< Shift+Ctrl+Alt+T>组合键，连续按三次，复制并旋转标志图案，如图 4-128、图 4-129 所示。

图 4-127　调整标志大小

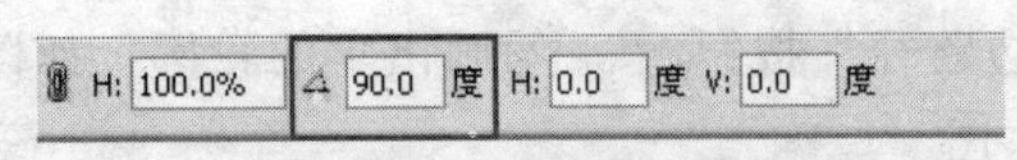

图 4-128　设置旋转角度

8）选择“文字”工具，输入所需文字，并调整到大小及位置，如图 4-130 所示。

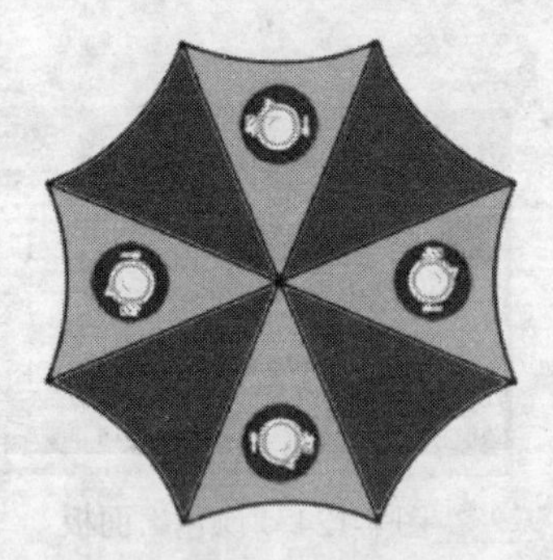

图 4-129　旋转复制标志图形

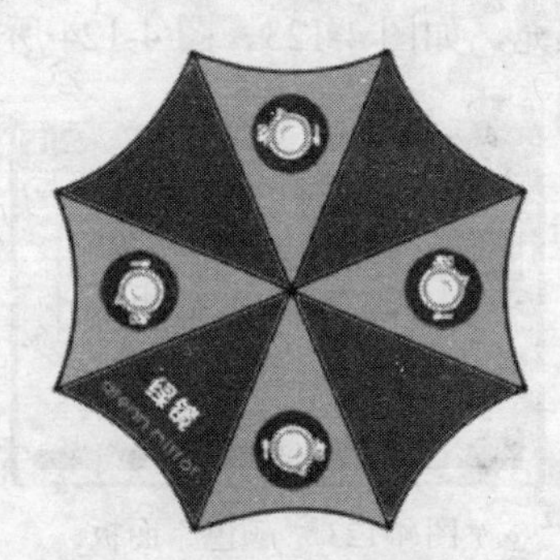

图 4-130　输入文字

9）选择文字图层，单击鼠标右键图层选择“栅格化图层”，然后按下键盘上的<Ctrl+T>组合键，将旋转中心移至雨伞中心，将旋转角度设置为 45 度。

10）在此按下<Ctrl+T>组合键，将旋转中心移至雨伞中心，将旋转角度设置为 90 度，确定变换后同时按下键盘上的<Shift+Ctrl+Alt+T>组合键，连续按 3 次，复制并旋转文字信息，完成伞的制作，如图 4-131 所示。

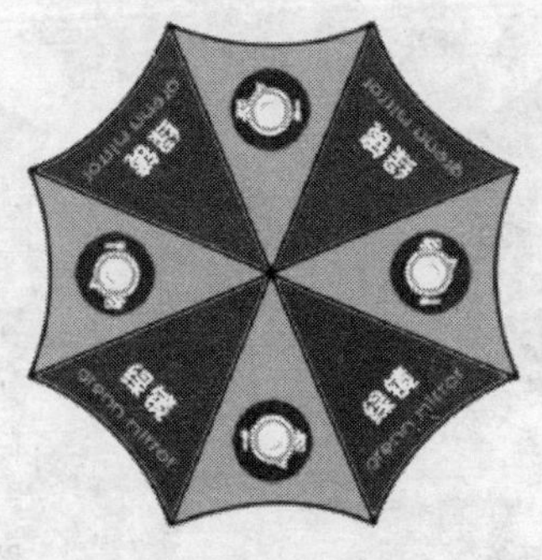

图 4-131　旋转复制标准字

4.6.5　任务拓展

1．临摹实例练习

要求：根据提供的效果图，运用 4.6.4 任务实施中介绍的工具及制作方法完成如图 4-132、

图 4-133、图 4-134 所示的作品。

图 4-132　练习 1

图 4-133　练习 2

图 4-134　练习 3

2．自由设计实例练习

要求：根据提供文字信息，运用本章节中介绍的设计方法完成下列设计，并能阐述自己的设计主题和设计思路。

1）给一个名为“宜康花园”的小区设计展示、馈赠所用的广告伞。

2）给一家名为“美妍坊”的化妆品公司设计赠予客户所用的广告伞。

4.7　任务 6——广告笔设计

4.7.1　知识储备

1．广告笔的意义

笔，自古以来就是人们不可缺少的工具之一，如今的广告可谓是无孔不入，在我们生活的周围目之所及，都能看到广告的影子。如今，小小的圆珠笔也成了广告宣传的载体。既有笔的实际使用功能，又起到了广告宣传的作用。作为广告用品它造价低廉，广告载体的性价比较高。由于它变化多端，广告效果好，使用的过程中，更能起到强化广告的效果，所以它被企业广泛的使用在馈赠礼品中。

2. 笔的分类

笔的分类比较多，按照不同的分类标准可以分为不同的类型，其中最常见的分类主要有以下几种：

（1）按使用类型分类

1）铅笔（见图 4-135）。铅笔是我们最常也是最早使用的笔之一。它的笔迹容易抹去，价格便宜。铅笔芯的主要成分都是石墨。铅笔的笔芯是用石墨和粘土按一定比例混合制成的。“H”即英文“hard”（硬）的词头，代表粘土，用以表示铅笔芯的硬度。“H”前面的数字越大（如 6H），铅笔芯就越硬，也即笔芯中与石墨混合的粘土比例越大，写出的字越不明显，常用来复写。“B”是英文“black”（黑）的词头，代表石墨，用以表示铅笔芯质软的情况和写字的明显程度。以“6B”为最软，字迹最黑，常用以绘画，普通铅笔标号则一般为“HB”。考试时用来涂答题卡的铅笔标号一般为“2B”。近年来，还出现了各种彩色铅笔。

2）毛笔（见图 4-136）。毛笔（writing brush），是一种源于中国的传统书写工具。被列为中国的文房四宝之一。

图 4-135　铅笔

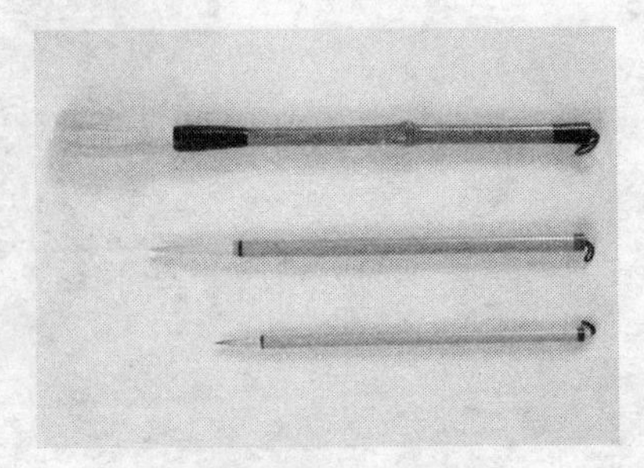

图 4-136　毛笔

毛笔的分类主要依据有尺寸，笔毛的种类、来源、形状等。

按笔头原料可分为：胎毛笔、狼毛笔、兔肩紫毫笔、鹿毛笔、鸡毛笔、鸭毛笔、羊毛笔、猪毛笔、鼠毛笔、虎毛笔、黄牛耳毫笔等。

依尺寸可以简单的把毛笔分为：小楷、中楷、大楷。

依笔毛的种类可分为：软毫、硬毫、兼毫等。

按用途分为写字毛笔、书画毛笔两类。

依形状可分为：圆毫、尖毫等。

3）钢笔（见图 4-137）。钢笔现在已是人们普遍使用的书写工具，钢笔的种类和型号很多。根据钢笔笔尖的成分不同，可分为金笔、铱金笔两种。

金笔：笔尖采用黄金合金，笔尖较软，弹性好，手感舒适。但金笔的价格较贵，且笔尖软，不好掌握，初学者不宜使用。

铱金笔：笔尖不含黄金，部分笔尖镀金，笔尖较硬。

4）签字笔（见图 4-138）。签字笔是指专门用于签字或者签样的笔，有水性签字笔和油性签字笔。水性签字笔一般用于纸张上，如果用于白板或者样品上很容易被擦拭掉；油性签字笔一般用于样品签样或者其他永久性的记号，油性签字笔很难拭擦，但可以用酒精等物清洗。

图 4-137　钢笔

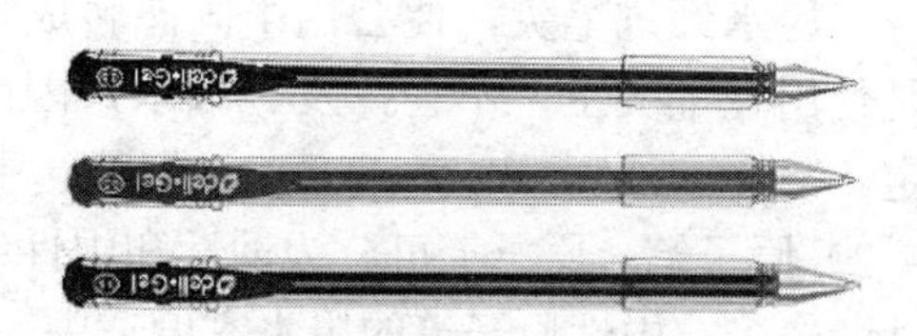
图 4-138　签字笔

经常提到的“签字笔”其实是一种功能性的描述，它的范围很广，大到可做如下分类：笔尖为滚珠结构的签字笔，依所使用的墨水成分不同，可分为水性和油性。中性签字笔所使用的墨水介于水性和油性之间，又称为“中性笔”；笔尖为纤维结构的签字笔，笔尖柔软，使用舒适，会得到越来越多的认可。

5）圆珠笔（见图 4-139）。圆珠笔是近数十年来风行世界的一种书写工具。它具有结构简单、携带方便、书写润滑，且适宜于用来复写等优点，因而，从学校的学生到写字楼的文职人员等各界人士都乐于使用。

此外还有用于专业绘画的笔，如：

6）勾线笔（见图 4-140）。

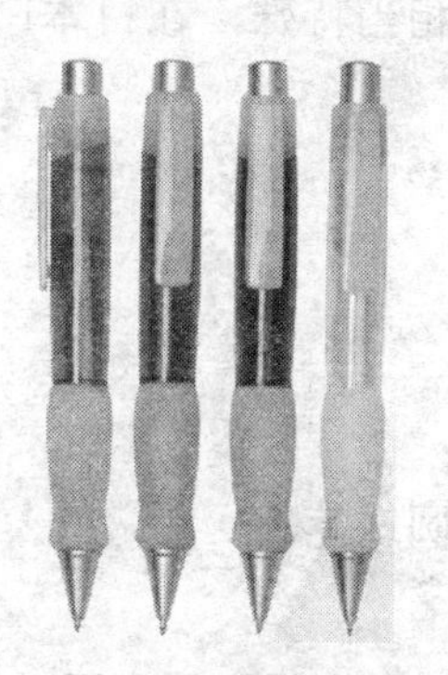
图 4-139　圆珠笔

图 4-140　勾线笔

7）油画笔（见图 4-141）。

8）水粉笔（见图 4-142）。

图 4-141　油画笔

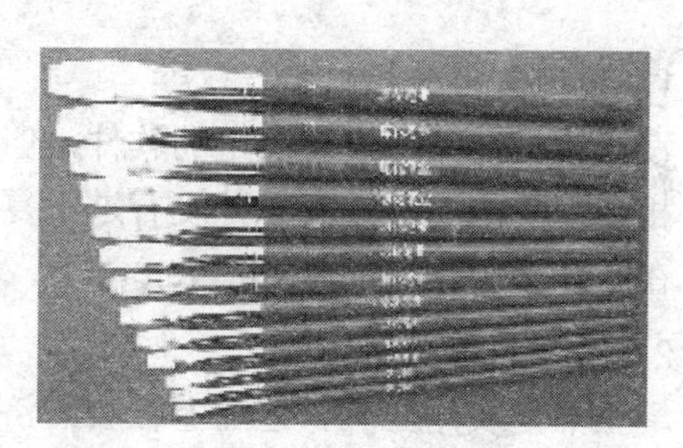
图 4-142　水粉笔

（2）按书写材料分类

1）中性笔。中性笔内装一种有机溶剂，其粘稠度比油性笔墨低、比水性笔墨稠，当书写时，墨水经过笔尖，便会由半固态转成液态墨水，中性笔墨水最大的优点是每一滴墨水均是使用在笔尖上，不会挥发、漏水，因而可提供如丝一般的滑顺书写感，墨水流动顺畅稳定。

2）原子笔。原子笔可分为油性和中性：油性原子笔墨的特性是墨水粘稠度高、水性强，但油渍较多；中性原子笔的墨水黏度适中、油渍少、书写流利，耐水及耐光性均比油性原子笔墨水佳。

3）水性笔。水性笔的主要溶剂是水，常见的水性笔有钢珠笔、签字笔、塑料、毛笔和荧光笔，水性笔较油性笔无味，笔尖不易干燥，其笔迹耐光但不耐水，遇到水会渲染开来，不慎摔过就很容易断水。

4）投影笔。投影笔基本上是油性笔，适用范围相当广泛，可写在投影片、玻璃或任何物体上，不掉色、不脱落，有许多学术机构或研究单位喜欢购买投影笔，因它可在烧杯或试管上做记号。

5）牛奶笔。牛奶笔是由日本的PENTEL公司最先开发，其内装墨水并非真的牛奶，而是中性墨水，但因它在日本上市时名为“MILKY”，并以一头牛作为广告片表现手法；加上此商品的七种颜色均为粉嫩色系，给人柔和的感觉，一般就习惯称它为“牛奶笔”了！牛奶笔可写在黑色或深色信纸上，也可涂在指甲上，用途相当特殊，在日本广受少女学生欢迎。

4.7.2 任务情境

任务：为“绿镜餐饮”设计一支广告用法圆珠笔

要求：

1）根据提供的标志及标准字，设计与标志风格统一的圆珠笔。

2）根据笔的使用地点，确定笔的造型、主题、色调。

3）圆珠笔设计要做到大小合适、便于携带，方便使用。

4）设计要以标准色，标志位基础，加以艺术再创造，在有限的空间里制作出小巧、靓丽的设计。

4.7.3 任务分析

1. 设计软件分析

设计笔类产品并没有指定的软件，但考虑到设计最终要放在实际生产中，设计的精准度还是相当重要的，且本案中并没有过于复杂的图形，建议使用矢量图形软件。

在本任务中使用的是Illustrator。

2. 设计思路分析

笔虽然是实用工具，但随着社会经济文化的需求，笔的制作及品种不断提高、增多，工艺改进，使笔日益完善和精美，逐渐也成为收藏、鉴赏珍玩的物品。广告笔作为企业形象地重要物品，有着重要的宣传作用。想要做出客户满意的设计，重要的还是着眼于色彩艳丽、内容丰富且能让使用者过目不忘此公司的笔。

4.7.4 任务实施

1．效果图展示（见图 4-143）

图 4-143 任务 6 效果图

2．步骤分析

1）打开 Illustrator 软件，在文件夹菜单中新建文件，保存文件名为“广告笔.ai”。

2）用矩形工具绘制一大、一小两个矩形，选择椭圆工具按住<Shift>键绘制正圆，用选取工具按住<Shift>键调整大小使其直径与小矩形宽度一样，填充颜色选择白色，笔触颜色为黑色，笔触大小为 0.25pt，如图 4-144 所示。

3）选中正圆和小矩形，在排列面板中选择“水平居中对齐”，如图 4-145 所示，在修整中选择左上方“合并外形区域”，如图 4-146 所示，在颜色面板中设置颜色 R：130、G：168、B：30，如图 4-147 所示，笔画为无色。

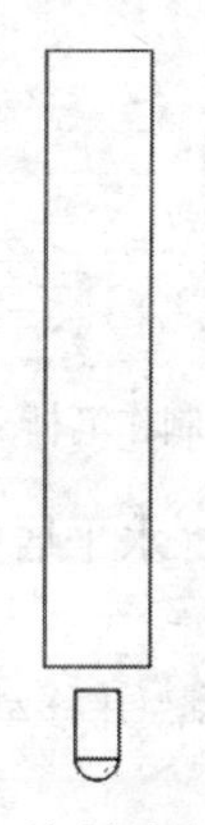

图 4-144 绘制圆珠笔图形

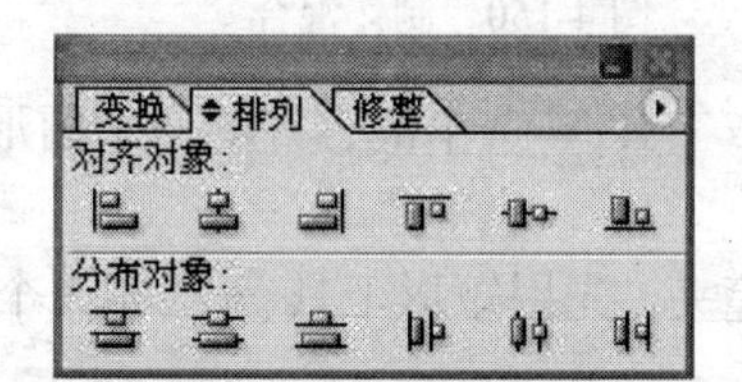

图 4-145 “颜色”面板

图 4-146 合并外形区域

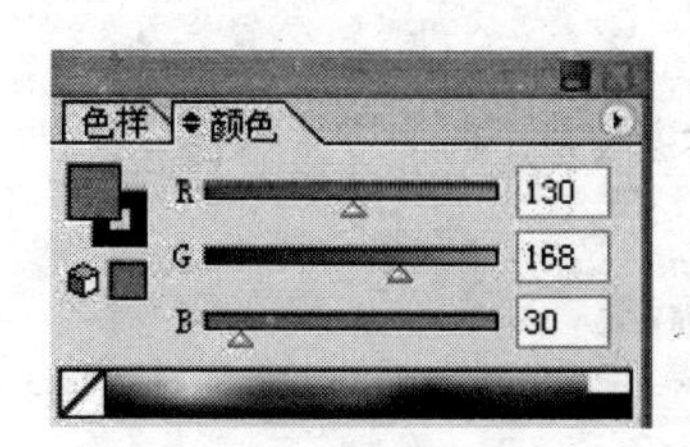

图 4-147 “排列”面板

4）选中正圆小矩形的合并图形，按下<Ctrl+C>，<Ctrl+F>组合键复制，粘贴一个图形到前面，在颜色面板中设置颜色为 R：169、G：208、B：50，如图 4-148 所示，用选取工具调整大小。

5）双击混合工具，设置混合选项间距为平滑颜色，方向为对齐页，如图 4-149 所示。

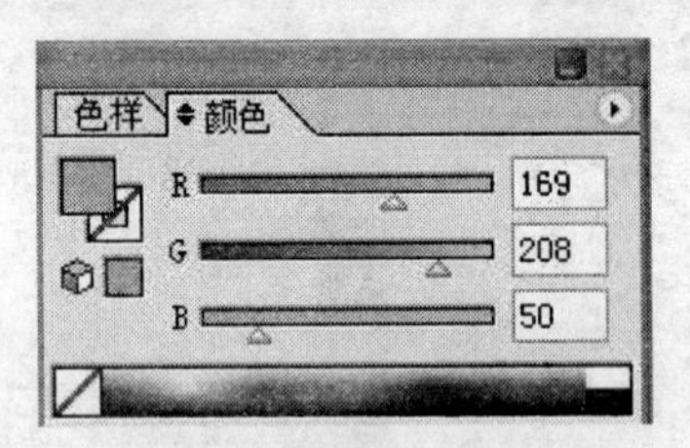

图 4-148 “颜色”面板

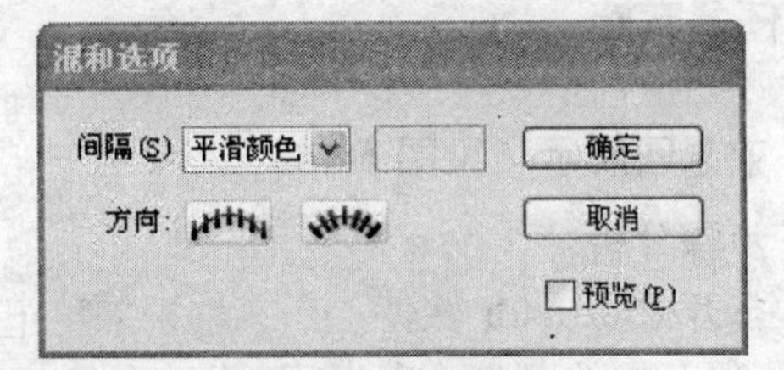

图 4-149 选择平滑颜色

6）用混合工具分别在两个图标上单击，制作混合，如图 4-150 所示。

7）按下<Ctrl+C>，<Ctrl+F>组合键复制，粘贴大矩形，缩放合适大小，然后同样制作大矩形的混合，混合颜色与刚刚做的混合图形颜色一致，如图 4-151 所示。

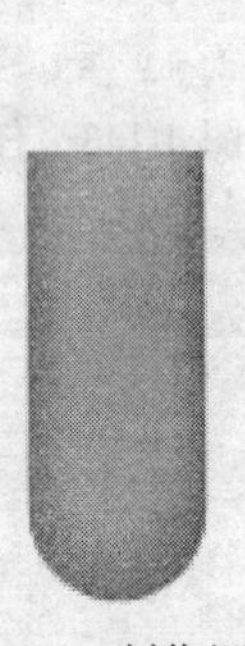

图 4-150 制作混合

图 4-151 制作笔杆

8）用选取工具选中混合好的两个图形，在排列面板中选择“水平居中对齐”，如图 4-152 所示。

9）绘制笔夹，先用矩形工具绘制 3 个矩形，如图 4-153 所示，并移动到大矩形左边。

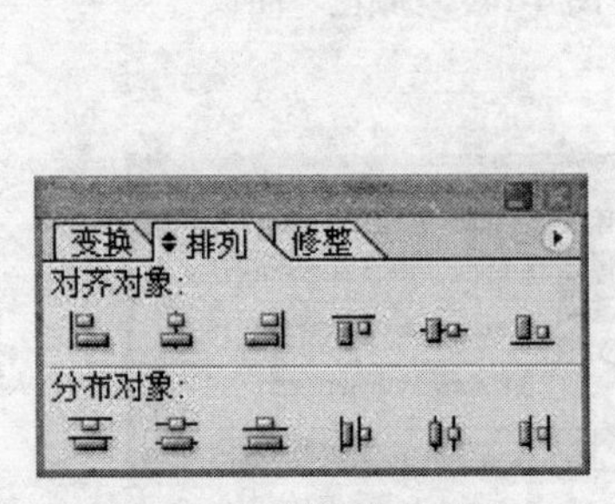

图 4-152 “排列”面板

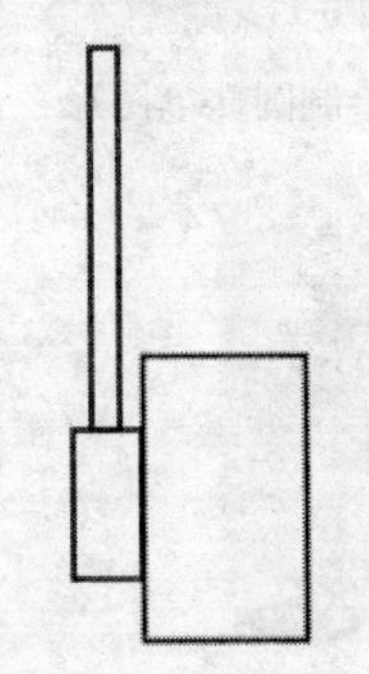

图 4-153 绘制笔头图形

10）将右边的矩形制作混合，与大矩形的混合方法一致，笔画颜色设置为无，填色颜色为 R：0、G：0、B：0 和 R：26、G：26、B：26，如图 4-154 所示。

11）用选取工具选中左下方的矩形，笔画颜色设置为无，选择渐变面板，在渐变面板中设置类型为线型，角度为 0 度，如图 4-155 所示，点击左边渐变滑杆，在颜色面板中设置颜色为黑色，点击右边渐变滑杆，在颜色面板中设置颜色为 R：77、G：77、B：77。

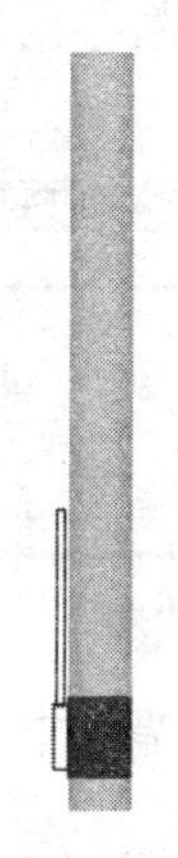

图 4-154 填充笔头颜色

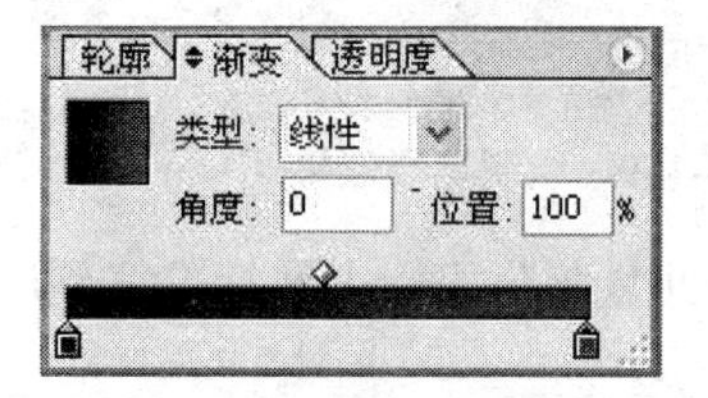

图 4-155 “渐变”面板

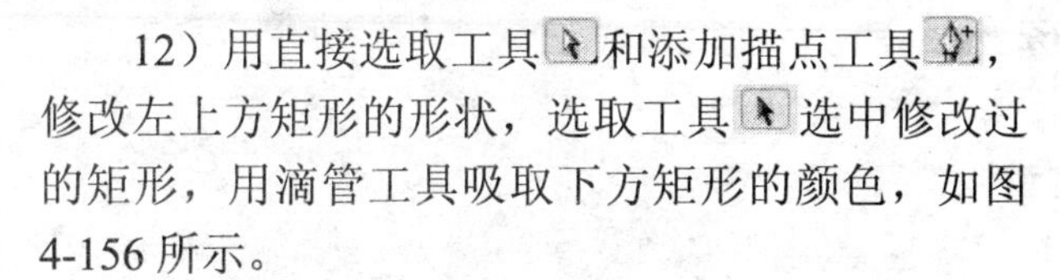

12）用直接选取工具和添加描点工具，修改左上方矩形的形状，选取工具选中修改过的矩形，用滴管工具吸取下方矩形的颜色，如图 4-156 所示。

13）用钢笔工具绘制笔头部分的形状，笔画颜色设置为黑色，笔画宽度为 0.25pt，选择渐变，在渐变面板中设置类型为线性，角度为 0 度，点击左边渐变滑块，在颜色面板中设置颜色为黄色，如图 4-157 所示，在渐变面板中点击右边渐变滑块，在颜色面板中设置颜色为白色，如图 4-158 所示。

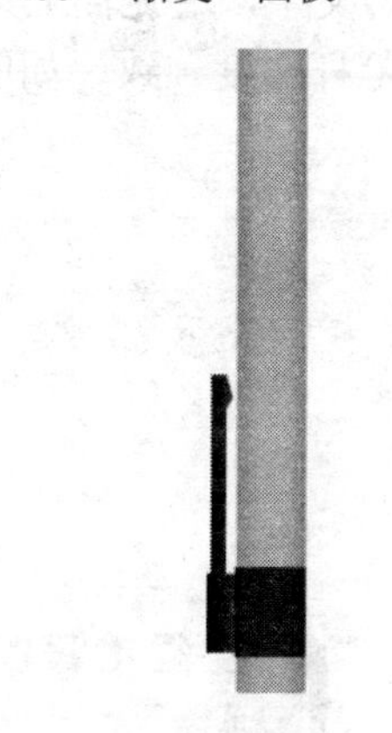

图 4-156 吸取下方矩形颜色

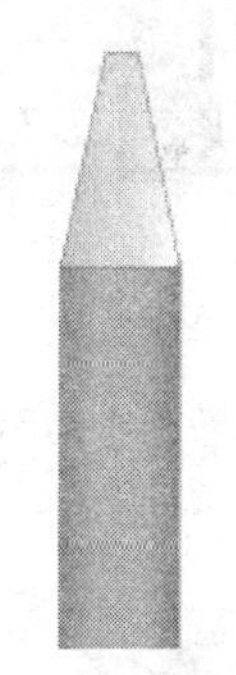

图 4-157 绘制笔尖图形

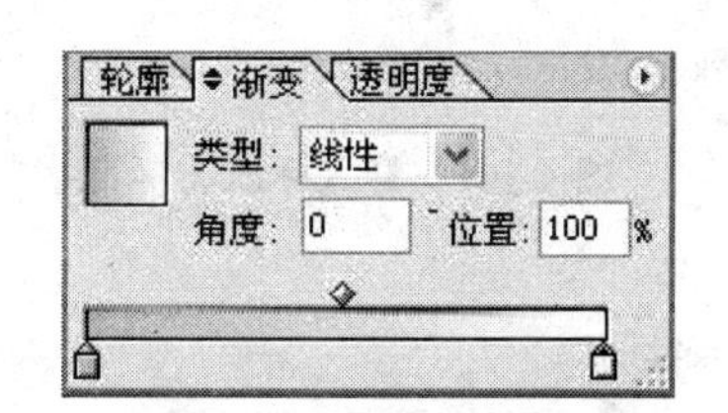

图 4-158 填充黄色渐变

14）用选取工具，选中并复制 3 步中所作图形，调整大小做笔尖。笔画颜色设置为黑色，笔画宽度为 0.25pt，用反射工具作水平 0 度反射。选择渐变，在渐变面板中设置类型为线性，角度为 0 度，点击左边渐变滑块，在颜色面板中设置为白色，再在渐变面板中点击右边渐变滑块，在颜色面板中设置为黑色，如图 4-159 所示。

15）用选取工具调整各图层的位置，选中笔头、笔尖以及所有笔杆部分，在排列面板中选择“水平居中对齐”，如图 4-160 所示。

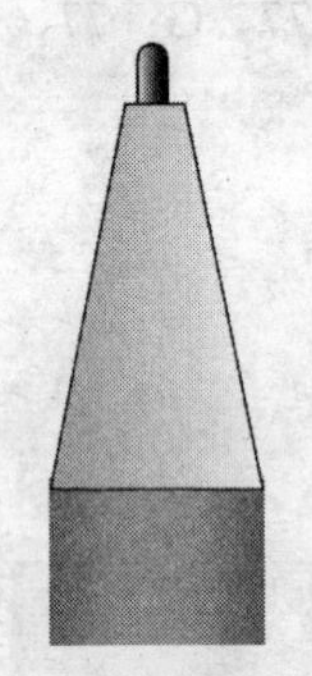

图 4-159　绘制笔心效果

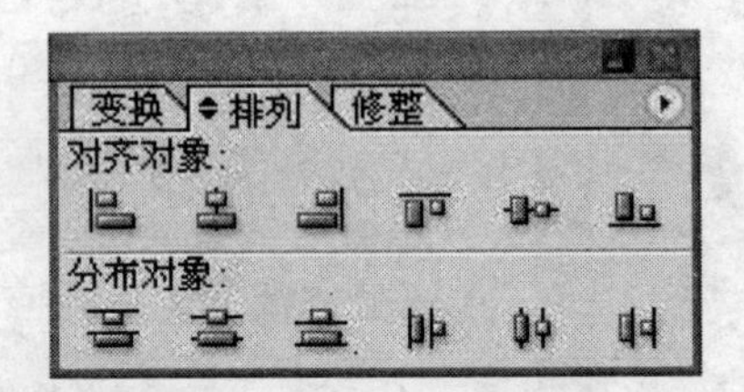

图 4-160　水平居中对齐

16）打开并复制公司标志及标准字到广告笔文件中，调整位置至笔杆末端，并调整大小，如图 4-161 所示。

17）选择标志文字，用旋转工具旋转图形 90 度，并用选取工具按住<Shift>键调整大小使其宽度与笔杆宽度一致，如图 4-162 所示。

图 4-161　导入标志、标准字

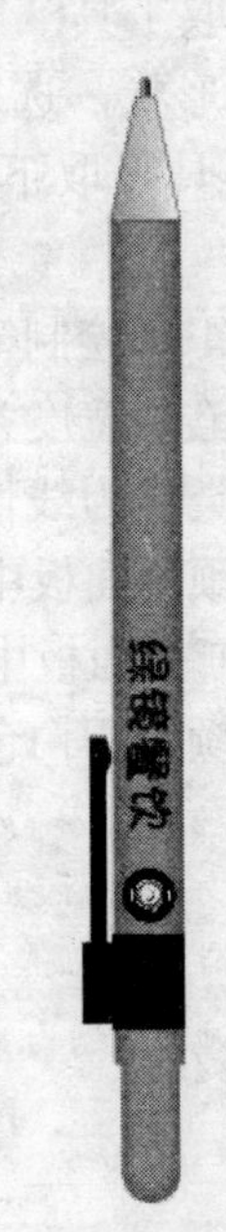

图 4-162　旋转缩小标志、标准字

4.7.5　任务拓展

1．临摹实例练习

要求：根据提供信息，运用本章节中介绍的设计方法完成如图 4-163、图 4-164、图 4-165 所示的作品。

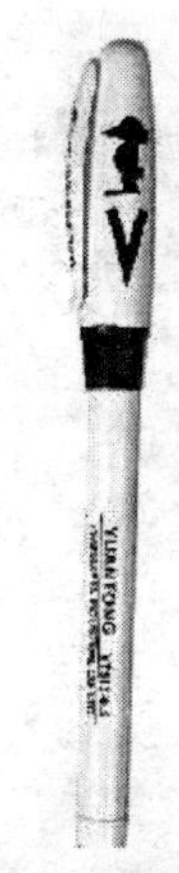

图 4-163　练习 1

图 4-164　练习 2

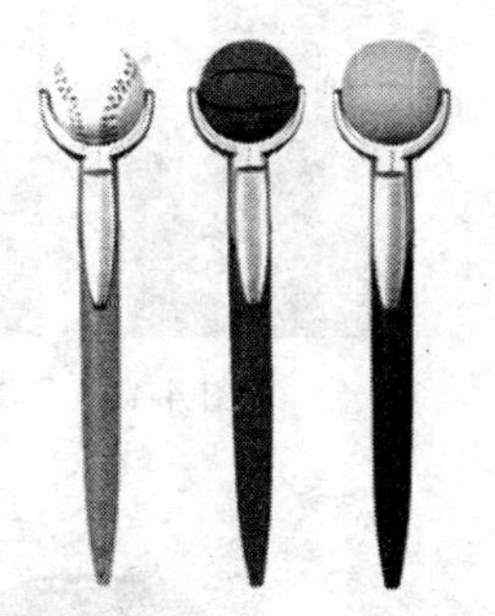

图 4-165　练习 3

2．自由设计实例练习

要求：根据提供文字信息，运用本章节中介绍的设计方法完成下列设计，并能阐述自己的设计主题和设计思路。

1）给一家外资银行设计公司专用广告铅笔。

2）给一家名为“FID”快递公司设计公司专用广告签字笔。

4.8　任务 7——宣传杯设计

4.8.1　知识储备

1．宣传杯的意义

很多人都喜欢送杯子给亲戚、朋友、客户等。杯子除了非常实用之外还有更特殊的意义。在现代企业中，杯子，尤其是一次性杯子已经成了我们在日常办公和生活中的常用办公用品。有很多企业制作自己的广告纸杯来起到宣传公司的作用。对本案中的连锁餐饮集团来说，一次性纸杯是最常见不过的了，它可以广泛地传播出餐饮集团的信息。

2．宣传杯的分类

杯子的类别很多，根据材料分类，比如陶瓷杯（见图 4-166）、玻璃杯（见图 4-167）、塑料杯（见图 4-168）、不锈钢杯（见图 4-169）、木鱼石杯（见图 4-170）、景泰蓝杯（见图 4-171）、纸杯（见图 4-172）等。

图 4-166　陶瓷杯

根据功能分为日用杯、广告杯、促销杯、保健杯等。

根据寓意分为合欢杯、情侣杯、夫妻杯等。

根据结构工艺分为单层杯、双层杯、真空杯、纳米杯、能量杯、生态杯等。

图 4-167 玻璃杯

图 4-168 塑料杯

图 4-169 不锈钢杯

图 4-170 木鱼石杯

图 4-171 景泰蓝杯

图 4-172 纸杯

3. 宣传杯的用料

由于一次性纸杯携带和使用方便，价格又低廉，所以近几年，它成为许多家庭和公共场所常见的喝水工具。在此，重点介绍宣传用的一次性纸杯的用料。

一般来说一次性纸杯原料分两种，一种是冷饮杯：纸杯里面有一层蜡；另一种是热饮杯：纸杯里面有一层塑料。

人们要区分冷饮杯和热饮纸杯。它们“各司其职”，一旦“错位”，就会威胁到消费者的健康。冷饮纸杯的表面要经过喷蜡或浸蜡处理，在 0～5℃之间时，这种蜡是非常安全，但如果用来装热饮，只要水的温度超过 62℃，蜡就融化，纸杯会吸水变形。融化后的石蜡杂质含量高，特别是它里面含有的多环芬烃有机化合物是种可能致癌的物质，随饮料进入人体，会危害人的健康，而热饮纸杯的表面会粘贴一层国家认可的特殊薄膜，不仅耐热性好，而且无毒害。纸杯应贮存在通风、阴凉、干燥及无污染的空间内，贮存期从生产日期起一般不要超过两年。

纸杯在生产中为了达到隔水效果，会在内壁涂一层聚乙烯隔水膜。聚乙烯是食物加工中最安全的化学物质。但如果所选用的材料不好或加工工艺不过关，在聚乙烯热熔或涂抹到纸杯过程中会产生裂解变化，可能会氧化为羰基化合物。羰基化合物在常温下不易挥发，但在纸杯倒入热水时，就可能挥发出来，所以人们会闻到有怪味。从一般理论上分析，长期摄入这种有机化合物，对人体一定是有害的。

4. 宣传杯的尺寸

一次性纸杯通常情况使用的尺寸如下，见表4-9。

表4-9　一次性纸杯尺寸表

容量（盎司）	规格（毫升）	上口×下口×高（毫米）
2	60	50×35×50
3A	80	55×40×57
3B	80	58×40×60
3C	80	55×38×58
3D	80	58×38×55
4	110	68×49×58
5A	200	88×73×52
5B	160	66×47×74
5.5	160	68×49×68
6.5	180	70×49×78
7	200	73×51×81
9	250	75×53×90
9.5	270	77×53×95
10	280	90×72×62
10.5	300	90×72×70
12A	340	82×52×108
12B	460	92×68×98
13A	360	95×58×100
13B	360	95×58×95
14	360	84×60×117
8（欧版）	270	81×51×94
14B	400	88×60×110

4.8.2　任务情境

任务：为“绿镜餐饮”设计一个宣传纸杯，来介绍旗帜的制作步骤。

要求：

1）根据客户的要求和产品的特点确定设计的风格、主题、色调。

2）标准字的设计要做到构图合理、标准色搭配和谐并且醒目。

3）设计方案要做到：设计造型要能够表现出独特的企业性质和商品特性；设计应该与企业的形象战略相符合。

4）重设计的实用性，设计具有相应的功能。

4.8.3 任务分析

1．软件分析

由于纸杯尺寸要求较为精确等原因，在制作纸杯初期可根据设计要求，选用不同的设计软件。此外，市面上也有专门的刻绘软件，如刻绘大师，但造价较高，在此暂不使用。

本任务中笔者使用的设计软件是 Illustrator 和 Photoshop。

2．设计注意点

纸杯设计图的目的是完整、清楚的将设计意图表现出来。它注重表现不同材料质感及材料在设计中运用的效果。绘图方法有手绘法和喷绘法或两者结合使用等。效果图要尽可能表现出成品的材料、质感效果。底色以简单、明了突出为好，不可杂乱或喧宾夺主，靠近杯底的条形、文字设计应抬升 5mm。因为杯片上机后，杯底部 5mm 处要进行压合，以保证杯底的牢固。经过机器的高温和压力作用很容易使靠近杯底的图形和文字弄花，影响美观，除非使用专门的超声波纸杯成型机才可以避免。因此在设计制作图形的时候靠近杯底的文字、条形图案都应该根据杯底的高度抬升 5mm 左右。

4.8.4 任务实施

1．效果图展示（见图 4-173）

图 4-173　任务 7 效果图

2．步骤分析

1）打开 Adobe Illustrator 软件，在文件菜单中新建文件，设置宽度为 200mm，设置宽度为 250mm，保存文件名为“宣传杯.ai”

2）用矩形工具绘制矩形，设置宽度为 70mm，高度为 80mm，如图 4-174 所示，在颜色面板中设置天色为白色，笔画颜色为黑色，笔画宽度为 0.25pt，如图

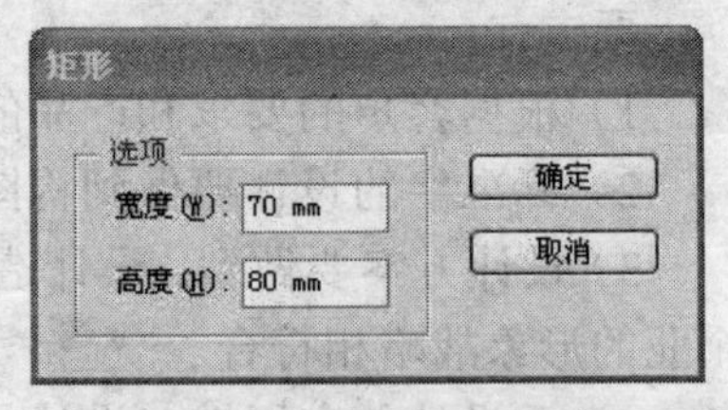

图 4-174 “矩形”对话框

4-175 所示，矩形图形如图 4-176 所示。

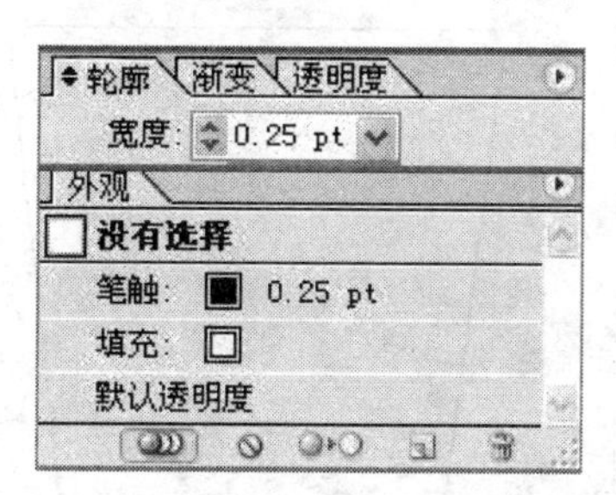

图 4-175 “轮廓”面板

图 4-176 绘制矩形

3）按住<Ctrl+R>组合键调出标尺，按下鼠标左键同时移动鼠标，将标尺原点与矩形左上角描点重合，在标尺上单击鼠标右键，设置单位为毫米，如图 4-177 所示。

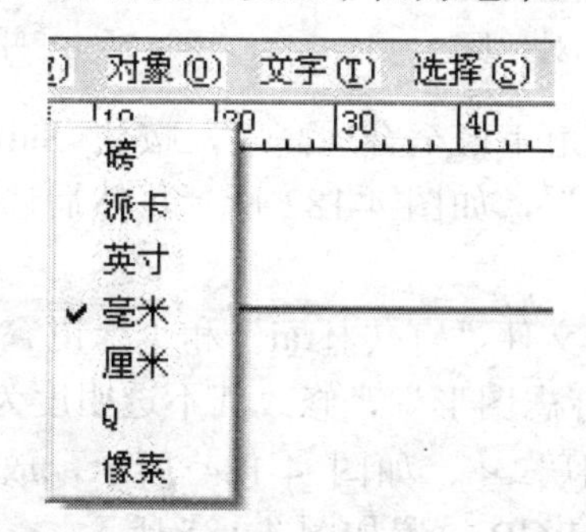

图 4-177 标尺单位选择毫米

4）制作垂直参考线至 10mm 和 60mm 处，制作水平参考线至 80mm 处，如图 4-178 所示。

5）用直接选取工具选中矩形左下角的正方形小描点，移动至左边参考线交接处。同样，用直接选取工具选中矩形右下角的描点，移动至右边参考线交接处，如图 4-179 所示。

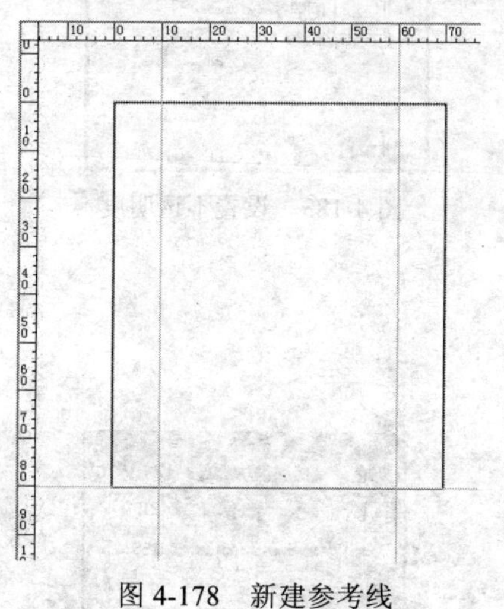

图 4-178 新建参考线

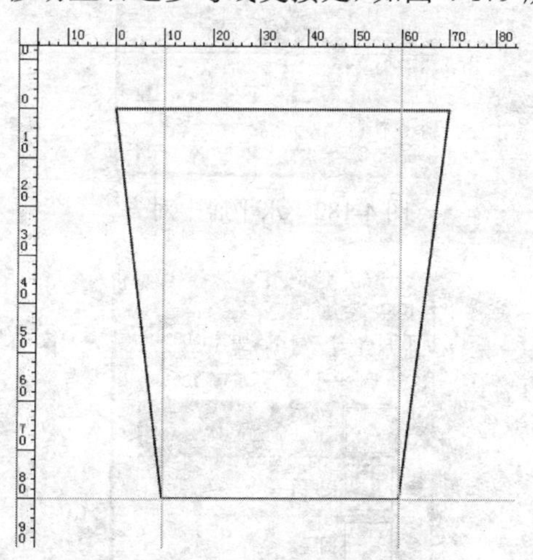

图 4-179 绘制梯形图形

6）用圆角矩形工具绘制宽度为 75mm，高度为 3mm，如图 4-180 所示，半径为 2mm 的圆角矩形，如图 4-181 所示。

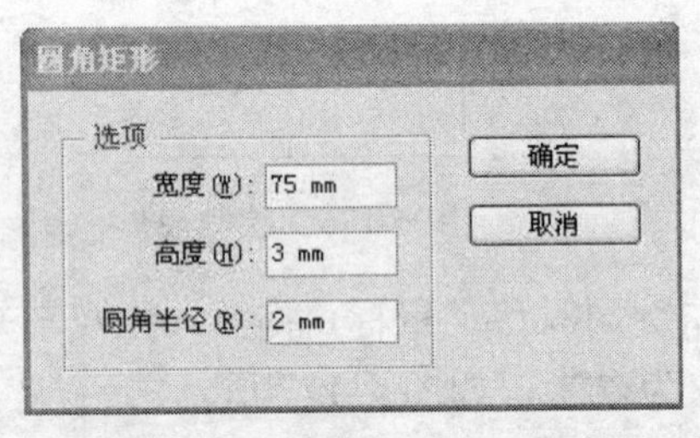

图 4-180 “圆角矩形”对话框

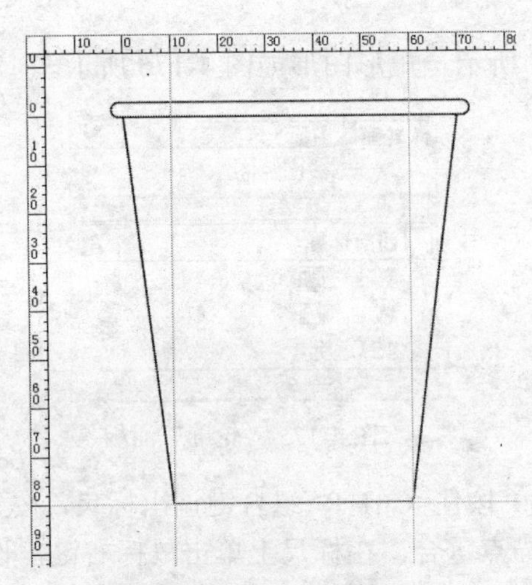

图 4-181　绘制杯口

7）用选取工具移动圆角矩形至合适高度，按住<Shift>键同时选中所有图形，在排列面板中选择“水平居中对齐”，如图 4-182 所示，然后选择视图菜单→参考线→清除参考线，保存文件“宣传杯.ai”。

8）打开 Photoshop，打开文件“宣传杯.ai”和“绿镜餐饮标志图形”。

9）选择文件“绿镜餐饮标志图形”，修改其不透明度为 30%，如图 4-183 所示，选择图层面板右下方的新建一个图层，如图 4-184 所示，放置于图层顶层，并命名为“颜色”，把前景色修改为黄色，RGB 设置如图 4-185 所示。

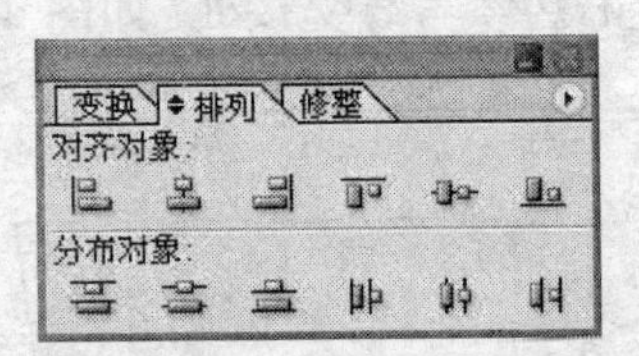

图 4-182　水平居中对齐

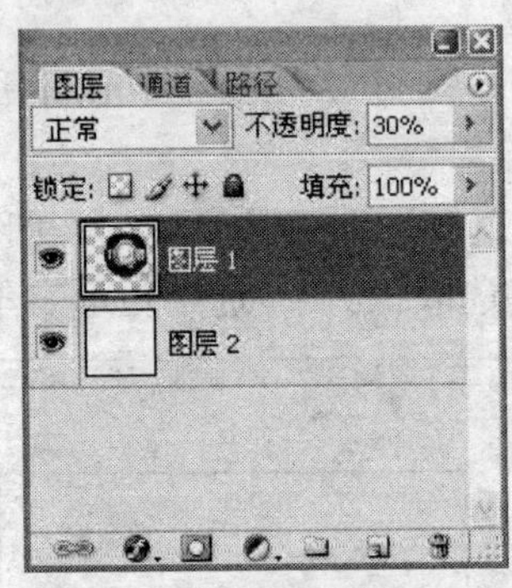

图 4-183　设置不透明度

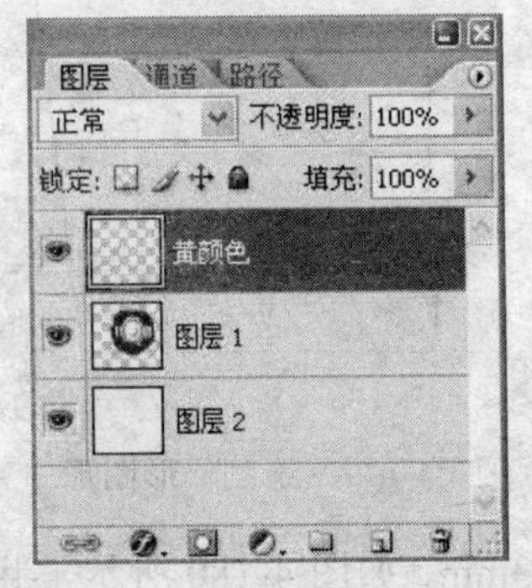

图 4-184　新建图层

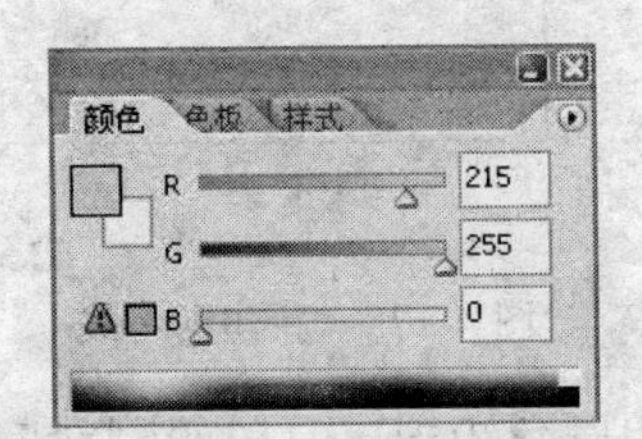

图 4-185 “颜色”面板

10）选择图层“颜色”，点击混合模式下拉菜单，把混合模式改为“颜色”，并按下<Alt+Delete>组合键填充前景色，如图 4-186 所示。

11）图形变化如图 4-187 所示，点击图层面板右上方，选择合并可见图层，如图 4-188 所示，合并后图层如图 4-189 所示。

12）选择魔棒工具点选四周白色部分，按下<Delete>键，删除四周白色部分，如图 4-190 所示。

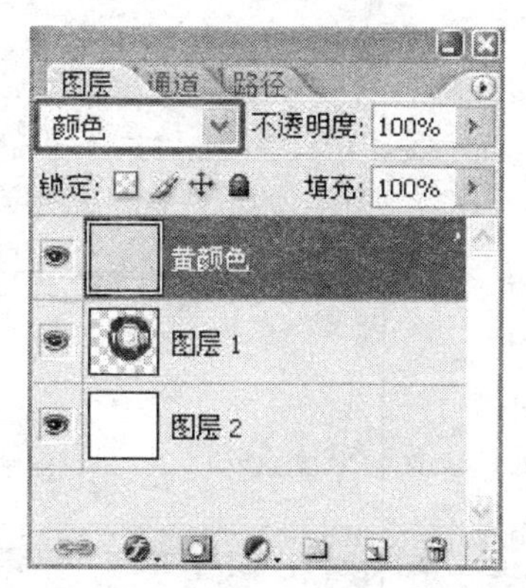

图 4-186　调整图层混合模式

图 4-187 “颜色”模式效果

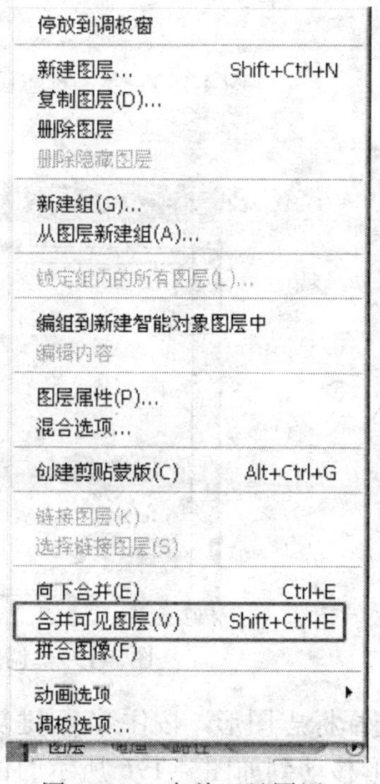

图 4-188　合并可见图层

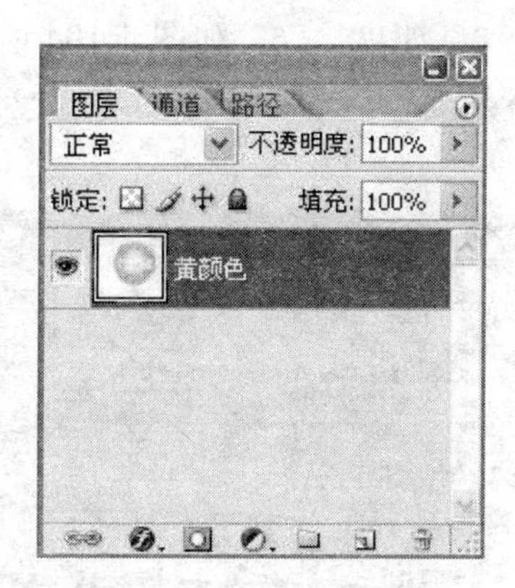

图 4-189　合并后效果

图 4-190　删除白色背景

13）选择自由选择工具，按下鼠标左键同时移动鼠标，将屏幕界面中修改好的图标图层移动到“宣传纸杯”中，按下<Ctrl+T>组合键，调出图层边界框，进行自由变换，如图 4-191 所示，并调整它的不透明度为 50%，如图 4-192 所示。

图 4-191　调整大小

图 4-192　调整不透明度

14）选择自由选择工具，按住<Alt>键复制并按下鼠标左键同时移动鼠标，生成标志图形，自动新建一个新图层，按下<Ctrl+T>组合键改变其大小及角度，如图 4-193 所示。

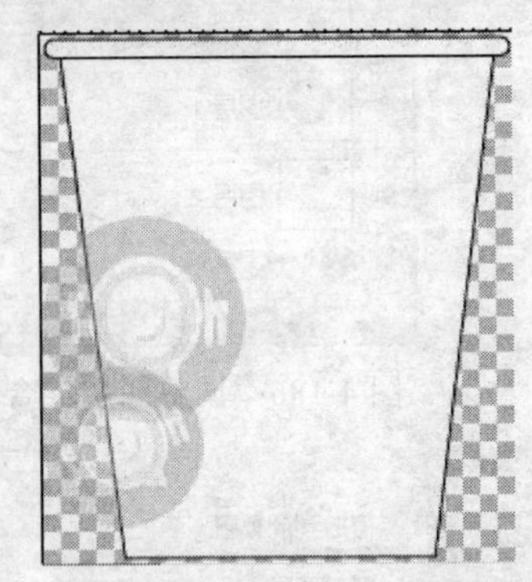
图 4-193　复制标志图案

15）选择菜单栏中的图像→调整→色相/饱和度。

16）在弹出对话框中修改其属性：色相：+111，饱和度：0，明度：-5，如图 4-194 所示，修改后如图 4-195 所示。

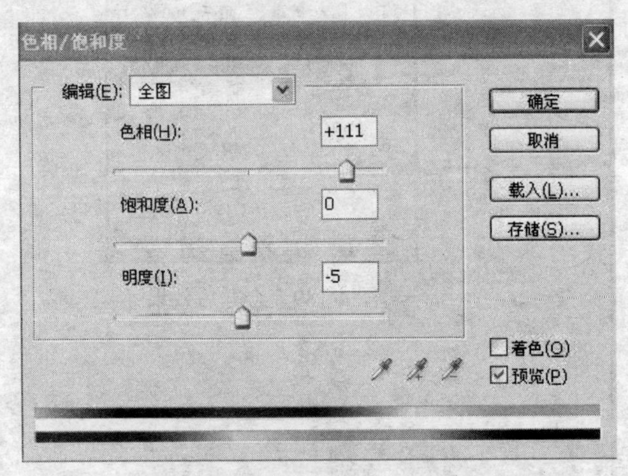

图 4-194 “色相/饱和度”对话框

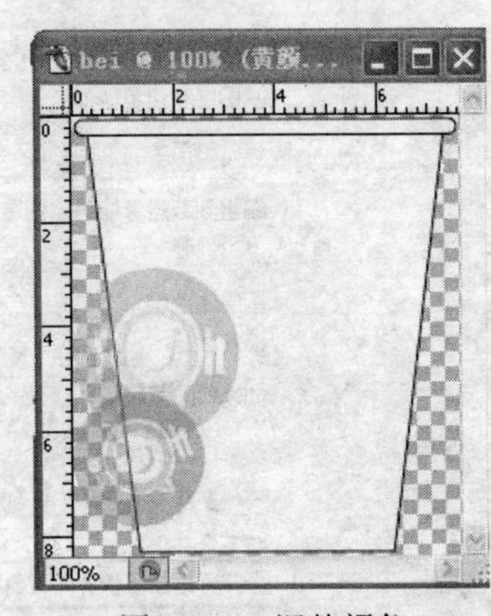

图 4-195　调整颜色

17）重复第 14 步，选择自由选择工具，选择标志图形，按住<Alt>键复制并按下鼠标左键的同时移动鼠标，将屏幕界面中的标志图形移动到如图 4-196 所示的位置，自动新建了一个新图层，我们按下<Ctrl+T>组合键改变其大小及角度，选择菜单栏中的图像→调整→去色，如图 4-196 所示。

18）复制“颜色”图层，选择自由选择工具，按下鼠标左键同时移动鼠标，将屏幕界面中的图标移动到如图 4-197 所示的位置。

图 4-196　去色后效果

图 4-197　复制移动标志

19）重复第 14 步，选择自由选择工具，选择标志图形，按住<Alt>键并按下鼠标左键的同时移动鼠标，将屏幕界面中的标志图形移动到如图位置，自动新建了一个新图层，我们按下<Ctrl+T>组合键改变其大小及角度，、选择菜单栏中的图像→调整→色相/饱和度，在弹出对话框中修改其属性：色相：−50，饱和度：0，明度：0，修改后如图 4-198 所示。

20）选择最上方图层，并按下 4 次<Ctrl+E>组合键（向下合并图层），合并所有颜色图层，如图 4-199 所示。

图 4-198　复制标志图案

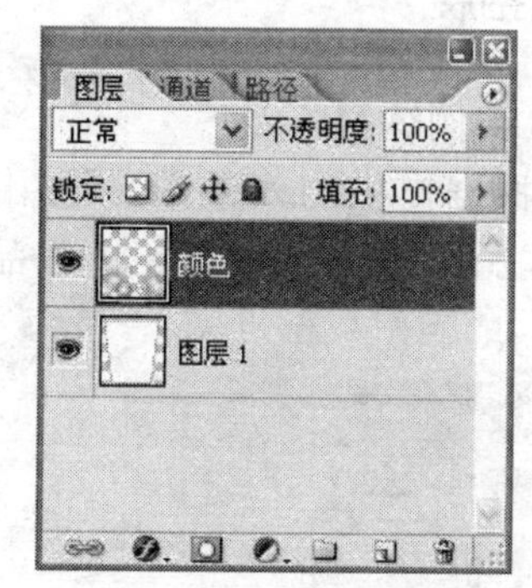

图 4-199　合并图层

21）在图层 1 中，选择魔棒工具点选四周透明部分中任一部分，再到图层颜色中按下<Delete>键，删除四周透明部分，如图 4-200 所示。

22）新建一图层，按下鼠标左键同时移动鼠标，将此图层移动到图层面板中最下，设置前景色为黑色 R：0、G：0、B：0。按下<Alt+Delete>组合键，用前景色填充，如图 4-201 所示。

图 4-200　删除杯外图形

图 4-201　填充黑色背景

23）选择自由选择工具，把标准标志与标准字复制置入“宣传纸杯”图像，并调整它的位置，按下<Ctrl+T>组合键改变其大小，如图 4-202 所示。

图 4-202　放置标志图案

4.8.5　任务拓展

1．临摹实例练习

要求：根据提供的效果图，运用 4.8.4 任务实施中介绍的工具及制作方法完成如图 4-203、图 4-204、图 4-205 所示的作品。

图 4-203　练习 1

图 4-204　练习 2

图 4-205　练习 3

2. 自由设计实例练习

要求：根据提供文字信息，运用本章节中介绍的设计方法完成下列设计，并能阐述自己的设计主题和设计思路。

1）给一个名为“豪味来”的牛排店设计店堂所用的陶瓷饮水杯。

2）给一家名为“蔡师傅”的饮品公司设计试饮所用的一次性纸杯。

本章小结

本章围着餐饮连锁企业——“绿镜餐饮”制作了一系列企业 VI，具体可分为 3 大类，7 小项。员工制服类设计用品大类可具体可分为女员工制服设计、工作牌设计两个小任务；标识招牌类设计大类可具体分为旗帜、室外引导标识牌两个小任务；公务礼品类大类可具体分为广告伞、广告笔、宣传纸杯 3 个小任务。这些任务是现代企业中最常出现的标准设计之一。它们将企业的理念、企业文化、服务内容、企业规范等抽象概念转换为具体符号，塑造出独特的企业形象。视觉识别设计具有传播力和感染力，容易被公众接受，具有重要意义。